First steps in physics for enjoying how nature works

物理の第一歩

自然のしくみを楽しむために

兵頭俊夫 監修

Mechanics

力学

下村 裕 著

共立出版

「物理の第一歩
—自然のしくみを楽しむために—」
刊行に寄せて

「自然のしくみを楽しむために」という副題を付けた本シリーズ「物理の第一歩」の基本的なコンセプトは,「基本法則の理解から自然のしくみが見えてくる」です.

自然科学の中で物理学がもっている使命は,すべての自然現象に通じる基本的な法則を求めることです.物理学以外の科学・技術の分野では,物理法則に加えて,その分野に特徴的な経験則も使いながら,現在の物理学では扱わない範囲まで踏み込んで研究を進めます.例えば,化学は物質の多様性とその変化についての探究を幅広く担い,生命科学は生命現象の探究を幅広く担い,工学の諸分野は生活を豊かにするための工夫を幅広く担っています.自然現象は複雑ですから,その解明にはこのように多くの分野の協力が必要なのです.

物理学は上に述べたような役割の故に,自らを制限している面があります.しかし,その制限はすべてに共通の法則を求めることに由来しますから,狭いようで実は広大です.大事なことは,現在の物理法則のみではまだ解明が難しい現象の中でさえ,すでに確立されている物理の基本法則は必ず成り立っていることです.そのため,物理学はすべての科学や技術を理解する基礎となっており,他の科学や工学の応用においてそれを無視すると,開発に時間がかかったり,手痛い失敗に陥ったりすることになりかねません.身のまわりのいわゆる日常現象においても,物理の基礎に基づいた理解を求めることで,見通しのきく説明ができ,適切な応用も可能になります.

時折,物理法則は単純すぎて現実世界では成り立っていないのではないかという意見を耳にすることがあります.応用例が示される際,単純化や理想化した条件を課すことが多いため,このような印象があるのかもしれません.しかし,例題や演習では,計算を通して概念をより詳しく理解するために条件が単純化されているに過ぎません．物理法則は常に正しく，自然現象であれ，人工物の機能であれ，対象物についての十分な情報があれば，物理法則だけで説明できる現象が現実世界には数多くあります．

本シリーズは，大学初年級の物理学コースの教科書や自習用に使われることを期待していますが，一般に，物理をよりよく理解したい方々，仕事上のニーズから物理学の基礎を学び直したいと欲する方々にとっても役に立つものになることも目指しています．そのために，各巻の最初の書き出し部分の敷居を低くするよう，著者にお願いしました．また，正しい内容をできるだけわかりやすく記述することに多大な力を注いでいただきました．体系的で丁寧な記述によって，きちんと積み上げて学習すれば物理は難しくないことがご理解いただけると思います．

本シリーズを読後も保存いただいて，将来，基本法則や論理の流れに疑問がわいたときに，再度開いて利用していただければ望外の喜びです．

東京大学名誉教授
兵頭俊夫

まえがき

平成 28 年（2016 年）6 月 8 日，梅雨入り間もない頃に研究室の電話が鳴った．出ると，本シリーズの監修者である兵頭俊夫氏で，用件は本書の執筆依頼であった．筆不精のため少し迷ったが，専門とする力学をまとめる良い機会であると考え，その場で受諾した．そして，執筆を完了するまで 3 年ほどの時間を要することを申し添えた．

それから 5 年半の歳月があっという間に流れ，ようやく本書を上梓するに至った．予想を上回る時間である．本書の概要は最初の 2 年半で書き終えていたのだが，兵頭氏の監修によって想像を超える編集作業の年月が加わったのである．

その監修は正確な内容と分かりやすい記述を目指した，まるで学術論文の仕上げの議論のようで，私にとっては大変高い壁となった．対面とオンラインの会議を通して受けた意見やアドバイスを私なりに検討して，内容，文章表現，章立て等を編集するというやり取りを 20 回近く行った．その結果，実に 3 年もの月日が流れたのだ．東京の大手町で夏（7 月 16 日）に開催された本シリーズの全体編集会議において，兵頭氏より執筆者に向けて「監修者というより共同執筆者と考えてください」という発言があったが，まさにその通りの状況となった．

さらに，原稿をまとめる最終段階では本シリーズの他の著者の方々からも貴重なコメントが寄せられ，私自身大いに学びながら取り組むことができた．大変ありがたく思う次第である．

本書の主題である力学は，物体の運動を明らかにする物理学である．例えば，放物線とは地上付近で物体を投げたときにその物体が描く軌跡だ．これが数学的に 2 次関数で表現できることは力学を学べば理解できるのである．力学は惑星や天体の運動を説明したり予測したりすることもできる．わずかな運動の法則を適用することによって物体の動きを論理的に予測でき，またそれは実際に観測できるのである．力学は科学の典型的な体系であり，難解な数学は不要なので，科学の方法論を学ぶためにも最初に学ぶべき物理学であると思える．力学は，まさに「物理の第一歩」にふさわしい物理学である．

力学は，熱力学や電磁気学同様，古典物理学に分類される．現代物理学と呼ばれる相対性理論と量子力学が作られる 200 年以上前の 17 世紀後半，力学はニュートンによって完成され，今も有効な理論である．古典物理学なので，力学ではもはや研究することがないかのように思いがちだが，実はそうでない．例えば，水平面上を速く回転するゆで卵が立ち上がる運動を力学的に説明できたのは，21 世紀に入ってからである．いまだに解明されていない力学上の問題も数多く残されていると思われる．

本書は，そんな力学の入門書である．力学のすべてを網羅しているわけではないが，力学を俯瞰できる内容にしたつもりである．読者が本書を読んで力学を楽しめるようになれば，本書の目標は達成される．

本書は 9 つの「章」,「付録 A」,「付録 B」,「章末問題略解」，そして「索引」によって構成されている．各章の最後には関連するコラムを記載したので気楽に読んでいただきたい．また，章末にはその章の内容に関する問題を厳選して 3 題のみ掲載した．内容の理解を深めるために，まずは「章末問題略解」を見ずに自分で考えて解いてほしい．なお，各章はやはり第 1 章から順に読み進めることが望ましいが,「付録」については本文に関連する部分を必要に応じて参照すればよい．不明な用語などは「索引」を利用して確認できる．

ここで各章と付録の概要を説明しよう．まず,「第 1 章 運動を表現する数学」では，次章以降の準備として，座標系，ベクトル，そして微分や積分を説明している．次の「第 2 章 運動法則」では，力学の基礎法則であるニュートンの 3 法則を解説し，落下運動の例を紹介している．続く「第 3 章 仕事とエネルギー」では，仕事，運動エネルギー，ポテンシャルエネルギーを定義し，力学的エネルギー保存則を導いている．そして「第 4 章 角運動量」では，角運動量を定義して平面運動を例に理解を深め，角運動量が従う方程式を導出している．さらに「第 5 章 様々な運動」では，前章までの知識をもとに，落下，振動，そして衝突という物体の典型的運動を考察している．次の「第 6 章 異なる座標系で観測される運動」では，加速度運動をしている座標系での運動方程式と慣性力を導出している．そして「第7章 2体問題と惑星の運動」では，相互作用する二つの物体（質点）の運動をとりあげ，惑星の運動を例として考察している．次の「第8章 質点系の力学」では，複数の質点が行う運動の取り扱いを解説している． 最後の「第9章 剛体の力学」では，第8章を基礎に，形や大きさが無視できない硬い物体の力学を説明している． そして，「付録A」では，基本的な数学的知識と定数係数をもつ2階常微分方程式の解法を説明している．また，「付録B」では，第9章で用いる連続体剛体の物理量について解説している．

第8章ではシグマ記号が，第9章では積分が多用されるため，とたんに難しく感じられるかもしれないが，根気よく読み進み，例題等によって一般論を理解していただきたい．特に第9章は力学の「花」といってよい身近な物体の力学である．そして，「付録B」に記載したその一般論の補足は，独自な内容であり，本書の特徴となっているかもしれない．

本書の内容について，兵頭俊夫氏は言うまでもなく，久世宏明氏，立川真樹氏，吉田鉄平氏からも多くの貴重なコメントを授かった．そして，共立出版株式会社の吉村修司氏は，最初から最後まで根気の要る編集作業を丁寧かつ効率よく進めてくださった．また，同社の島田誠氏は本書を含めたシリーズを企画され，大越隆道氏には本書の総まとめにご尽力いただいた．末筆ながら，この場を借りて謝意を表する．

令和3年（2021年）12月

下村　裕

目　次

第3章 仕事とエネルギー 31

第4章 角運動量 45

第5章 様々な運動 61

第1章　運動を表現する数学

本章では，第 2 章以降の準備として，運動を表現する数学を学ぶ．

1.1　運動

力学では物体の運動を研究する．運動とは時間の経過とともに位置が変わる現象なので，各時刻における物体の位置をまず表現しなければならない．そこで，大きさがなく，**質量** (mass) という物理量をもつ**質点** (point mass) を考える[1)]．

物理量は**次元** (dimension) と大きさ（と向き）をもつ．次元とは単位の総称の組み合わせである．物理量の大きさは数値と単位のセットで表す．物理量の次元は，物理量から大きさを除いた概念といえる．例えば，質量は 1 kg のように表し，その次元を M と記す．1000 g と表しても，その次元はやはり M である．本書では，質量の単位を kg，長さの単位を m，時間の単位を s とする国際単位系 (SI) を主に用いる．

質点 P が直線上を運動する場合，ある時刻での位置は，直線上に原点 O を設けて，O からの距離で表現できる．ただし，原点 O の右と左を区別して，O より左にある場合はその距離にマイナス (−) 符号をつけることとする．すなわち，図 1.1 のように，その直線を x 軸として，質点の位置を実数 x で表現できるのである，この実数 x を 1 次元の**座標** (coordinate) という．

質点 P が平面上を運動する場合，図 1.2 のように，その平面上で互いに直交

[1)] なお，本書では，実際の物体の運動を例として数多く扱うが，質点の力学を大きさのある物体に適用するときには，回転を無視して重心の運動のみを考えるものとする．

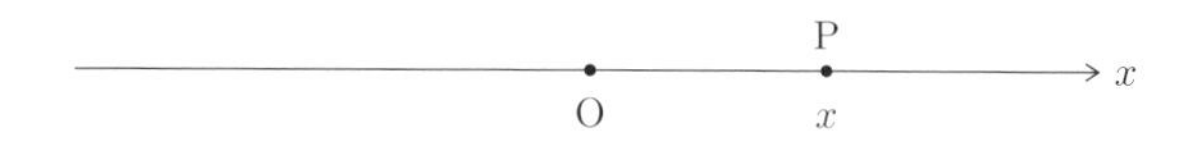

図 1.1　1次元座標

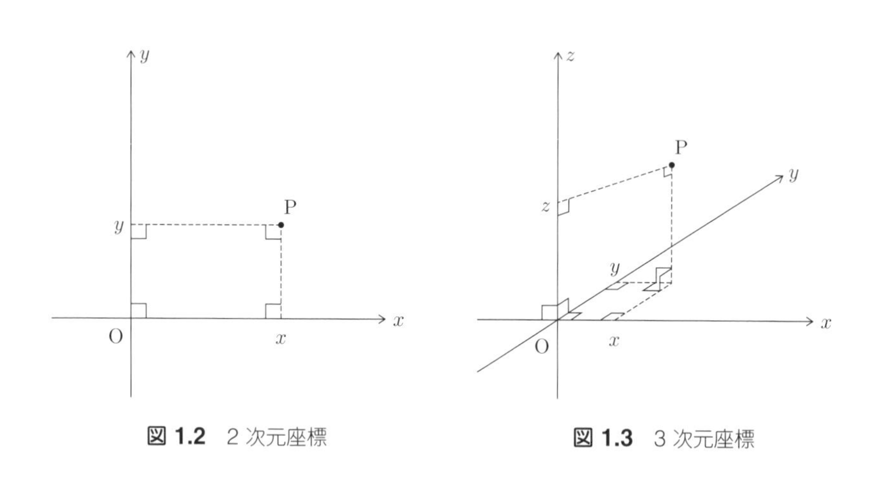

図 1.2　2次元座標　　**図 1.3**　3次元座標

する x 軸と y 軸を設ければ，軸の交点を原点Oとして，その位置は2次元の座標 (x, y) で表すことができる．

質点Pが空間を運動する場合，同様にしてその空間において互いに直交する x 軸，y 軸，z 軸を設ければ，軸の交点を原点Oとして，図1.3のようにその位置は3次元の座標 (x, y, z) で表すことができる．

このような直交する直線の座標軸を導入して点の位置を指定する方式を**デカルト座標系** (Cartesian coordinate system) とよぶ．考える運動の形状などにより，他にも様々な**座標系** (coordinate system) があり，必要に応じて用いられている．

1.2　ベクトル

1.2.1　スカラーとベクトル

物理量には，距離や時間のように，正負の値だけをもつ量がある．一方，速度や力のように，大きさと向きをもつ量もある．正負の値だけをもつ量を**スカ**

ラー (scalar)，大きさと向きをもつ量を**ベクトル** (vector) とよぶ．本書では，スカラーを斜体文字，ベクトルを太字斜体文字で表す．つまり，A と書けば A はスカラーで，$\boldsymbol{A}$ と書けば $\boldsymbol{A}$ はベクトルである．$\boldsymbol{A}$ の代わりに $\vec{A}$ と，文字の上に矢印を書く方法もあるが，本書では使わない．またベクトル $\boldsymbol{A}$ の大きさは正の量で，特に断らなければ，$|\boldsymbol{A}|$ あるいは A と書く ($|\boldsymbol{A}| = A$)．なお，大きさがないベクトルは，スカラーの 0 と略記する．

ベクトルは矢印を用いて図示することができる．図 1.4 のように，ベクトルの大きさに比例する長さをもち，ベクトルの向きに向いた矢印を，ベクトルに対応させるのである．

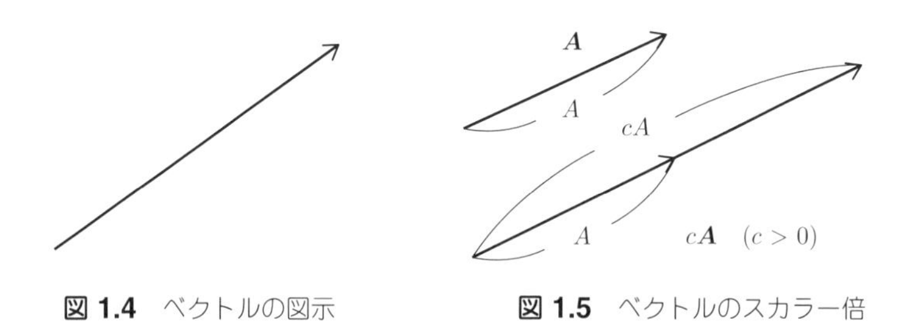

図 1.4 ベクトルの図示　**図 1.5** ベクトルのスカラー倍

図 1.5 のように，c をスカラーとしてベクトル $\boldsymbol{A}$ を c 倍すると，それはやはりベクトルで $c\boldsymbol{A}$ と表す．これは，ベクトル $\boldsymbol{A}$ の大きさが $|c|$ 倍されたベクトルで，$c > 0$ の場合はベクトル $\boldsymbol{A}$ と同じ向き，$c < 0$ の場合はベクトル $\boldsymbol{A}$ と反対の向きをもつ．

ベクトルの和 $\boldsymbol{A}+\boldsymbol{B}$ は，図 1.6 のように，ベクトル $\boldsymbol{A}$ の矢印の終点にベクトル $\boldsymbol{B}$ の矢印の始点を合わせたとき，ベクトル $\boldsymbol{A}$ の矢印の始点を始点，ベクトル $\boldsymbol{B}$ の矢印の終点を終点とする矢印で図示される．したがって，$\boldsymbol{A}+\boldsymbol{B} = \boldsymbol{B}+\boldsymbol{A}$ が成り立つ．ベクトルの差 $\boldsymbol{A}-\boldsymbol{B}$ の図示は，$-\boldsymbol{B}$ が $\boldsymbol{B}$ と大きさが同じで反対の向きをもつベクトルであることに注意すればベクトルの和の図示から図 1.7 のようになることがわかる．

以上はベクトルが満たすべき性質である．

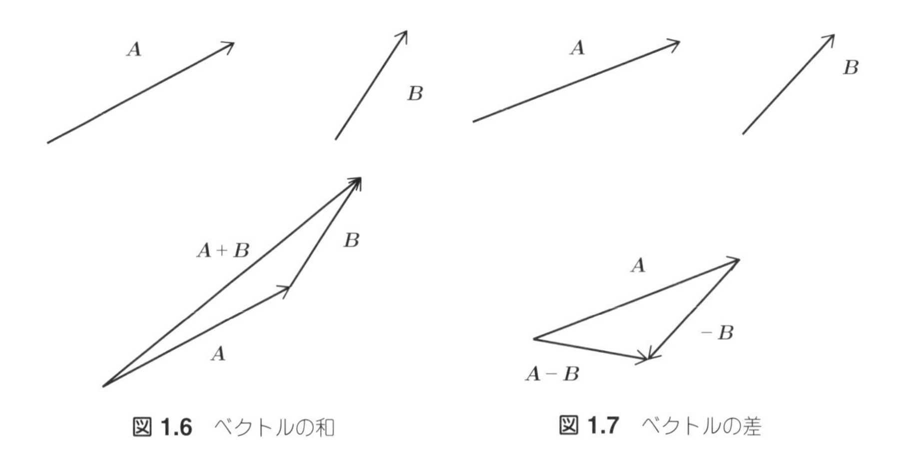

図 1.6　ベクトルの和　　図 1.7　ベクトルの差

例題 1.1

図 1.6 に記載されたベクトル $\boldsymbol{A}$ とベクトル $\boldsymbol{B}$ に対して，ベクトル $2\boldsymbol{A}-3\boldsymbol{B}$ を図示せよ．

解答

図 1.8 参照．■

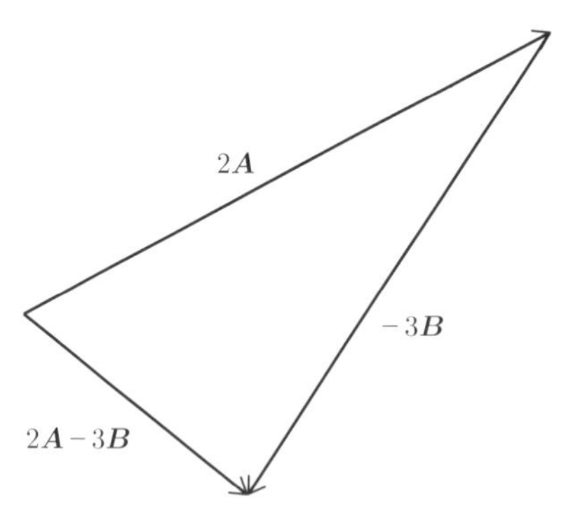

図 1.8　例題 1.1 の解答例

1.2.2　単位ベクトルと位置ベクトル

大きさが 1 のベクトルを**単位ベクトル** (unit vector) とよぶ．図 1.9 のように，デカルト座標系において，x 軸，y 軸，z 軸の正の向きをもった単位ベクトルを，それぞれ $\boldsymbol{e}_x, \boldsymbol{e}_y, \boldsymbol{e}_z$ と表す．これらは，向きと大きさが一定の定ベクトルである．

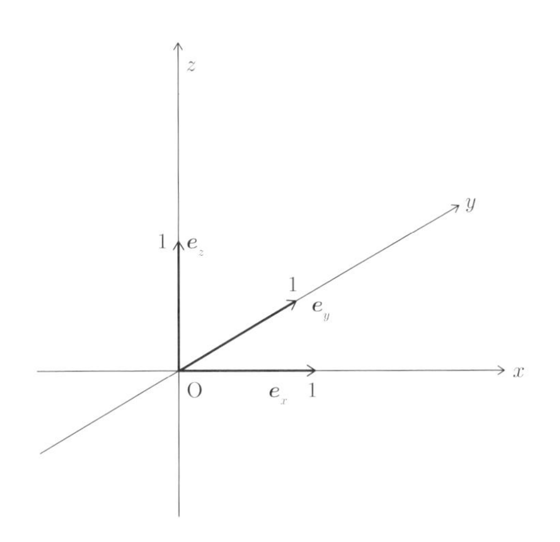

図 1.9　単位ベクトル $\boldsymbol{e}_x, \boldsymbol{e}_y, \boldsymbol{e}_z$

また，3 次元デカルト座標系の原点を始点とし，物体が存在する点 (x, y, z) を終点とするベクトルを**位置ベクトル** (position vector) とよぶ．そのベクトルを $\boldsymbol{r}$ と書くと，単位ベクトル $\boldsymbol{e}_x, \boldsymbol{e}_y, \boldsymbol{e}_z$ を用いて，

$$\boldsymbol{r} = x\boldsymbol{e}_x + y\boldsymbol{e}_y + z\boldsymbol{e}_z \tag{1.1}$$

と表せることになる．このとき，x, y, z をそれぞれベクトル $\boldsymbol{r}$ の x, y, z **成分** (component) とよぶ．これまでデカルト座標の (x, y, z) は点の位置を表すとしてきたが，位置ベクトル $\boldsymbol{r}$ を表すために用いることもある．厳密な表現ではないが，本書ではこれを

$$\boldsymbol{r} = (x, y, z) \tag{1.2}$$

と記す．

1.3　位置と速度—微分と積分

運動を考える場合，速さが重要な量であることは直感的にわかる．速さ v は，質点が時間 t の間に直線距離 x だけ移動したとすると，

$$v = \frac{x}{t} \tag{1.3}$$

であると定義される．例えば，100 m 競争において 10 s でゴールしたとすると，走者の平均の速さは 100 m ÷ 10 s = 10 m/s ということになる．しかし実際はスタート付近で遅くゴール付近で速いはずである．速さは一般に時々刻々変化するのである．では，ある時刻の瞬間の速さはどのように定義すればよいのであろうか？

すぐに思いつくのは，(1.3) 式における t を 1 秒，0.1 秒，0.01 秒などと短くすることである．その間に進む距離も短くなって，この式の比は一定の値に近づく．短い時間 t や短い距離 x を，微小量を表す記号 Δ をつけてそれぞれ $\Delta t, \Delta x$ と表すと，瞬間の速さは，Δt を限りなく 0 に近づけるときの比 $\Delta x/\Delta t$ の極限値と定義されるのである．変数 x を時間 t の関数とみなして $x(t)$ と表記すれば，

$$v(t) = \lim_{\Delta t \to 0} \frac{\Delta x}{\Delta t} = \lim_{\Delta t \to 0} \frac{x(t+\Delta t) - x(t)}{\Delta t} \equiv \frac{dx}{dt} \tag{1.4}$$

となる．これが時刻 t における瞬間の速さ $v(t)$ の定義である．(1.4) の dx/dt を移動距離 x の時間微分とよぶ．力学では時間による**微分** (differentiation) が多く用いられるので，時間に関する微分 dx/dt を簡潔に $\dot{x}$ と書くことがある．これはアイザック・ニュートン (Isaac Newton, 1642 – 1727) が用いた記号である．本書では時間微分の意味を想起できるよう，なるべく dx/dt と記すこととする．図 1.10 のように，x を t の関数としてグラフを描いた場合，dx/dt は時刻 t における曲線 $x(t)$ の接線の傾きを表している．

上記では直線的な運動を想定して速さをスカラーと考えたが，3 次元空間では物体は様々な向きに運動する．したがって，ベクトル量としての速さを考える必要がある．力学では向きまで考えた速さを**速度** (velocity) とよび，**速さ** (speed) は速度の大きさ（正の値）を意味するものとする．質点の位置ベクトルを $\boldsymbol{r}$ とすると，図 1.11 のように，時刻 t から Δt 後の位置ベクトルの変化

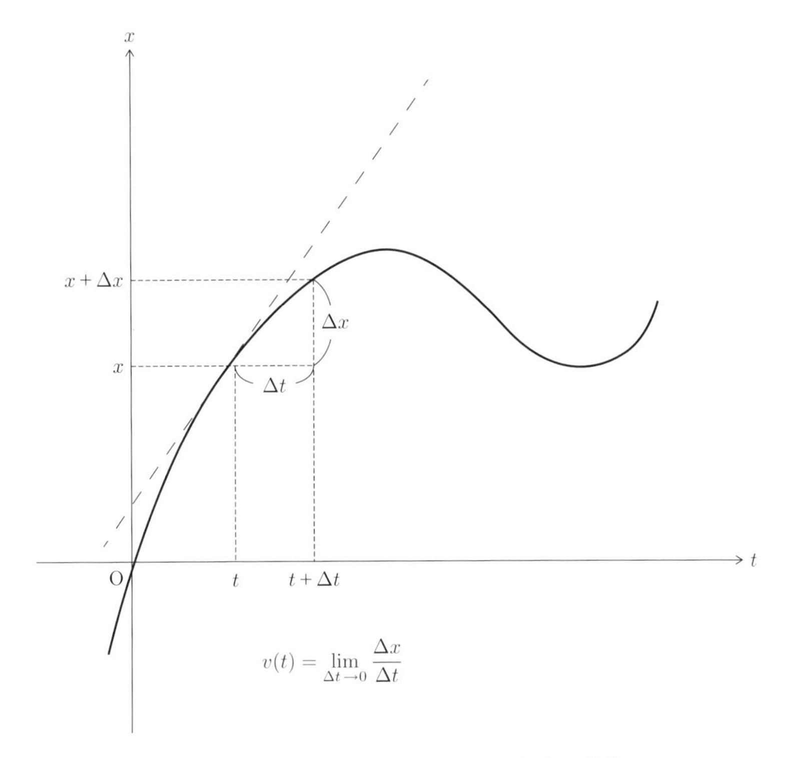

図 1.10　移動距離から速さを求める方法―微分

は $\Delta \boldsymbol{r} = \boldsymbol{r}(t + \Delta t) - \boldsymbol{r}(t)$ によって与えられる．一般に，位置ベクトルの変化を**変位** (displacement) とよぶ．したがって，$\Delta \boldsymbol{r}$ を微小変位という．これはベクトルなので，Δt を限りなく 0 に近づけるときの比 $\Delta \boldsymbol{r}/\Delta t$ もベクトルである．よって，

$$\boldsymbol{v}(t) = \lim_{\Delta t \to 0} \frac{\Delta \boldsymbol{r}}{\Delta t} = \lim_{\Delta t \to 0} \frac{\boldsymbol{r}(t + \Delta t) - \boldsymbol{r}(t)}{\Delta t} \equiv \frac{d\boldsymbol{r}(t)}{dt} \tag{1.5}$$

を速度（ベクトル）$\boldsymbol{v}$ とすればよい．すなわち，速度 $\boldsymbol{v}$ は位置ベクトル $\boldsymbol{r}$ を時間で微分したものである．位置ベクトル $\boldsymbol{r}(t)$ が時間の関数としてわかっていれば，速度 $\boldsymbol{v}(t)$ は微分という数学的演算を $\boldsymbol{r}(t)$ に施すことによって導出できるのだ．

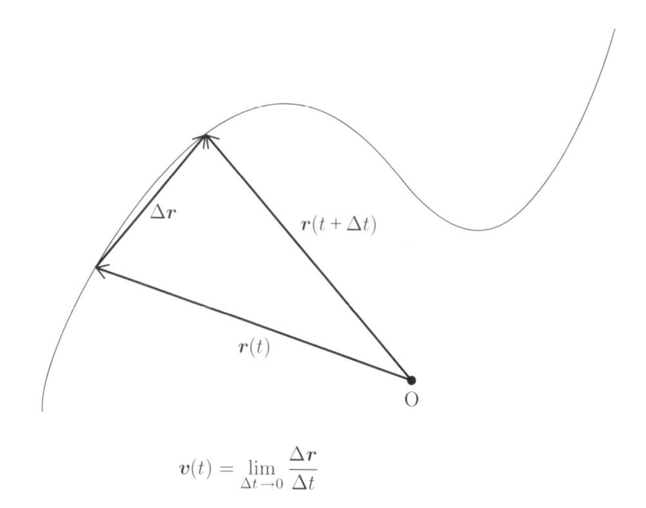

図 1.11　変位と速度

デカルト座標系において，位置ベクトル $\boldsymbol{r}$ は (1.1) のように書けるので，(1.5) より

$$\boldsymbol{v} = \frac{d\boldsymbol{r}}{dt} = \frac{dx}{dt}\boldsymbol{e}_x + \frac{dy}{dt}\boldsymbol{e}_y + \frac{dz}{dt}\boldsymbol{e}_z = \left(\frac{dx}{dt}, \frac{dy}{dt}, \frac{dz}{dt}\right) = (v_x, v_y, v_z) \tag{1.6}$$

と表せることに注意しよう．ただし，v_x, v_y, v_z はそれぞれ速度 $\boldsymbol{v}$ の x, y, z 成分である．

例題 1.2

図 1.12 のように，半径 r の円周上を反時計まわりに一定の速さ（等速）で回転する質点がある．

(1) この質点の速度（速さと向き）を求めよ．ただし，一周する時間（周期）を T とする．

(2) 時間を t として (1) の質点の位置と速度を 2 次元のデカルト座標で表せ．ただし，座標原点を円の中心とし，質点の初期 $(t=0)$ 座標を $(r, 0)$ とする．

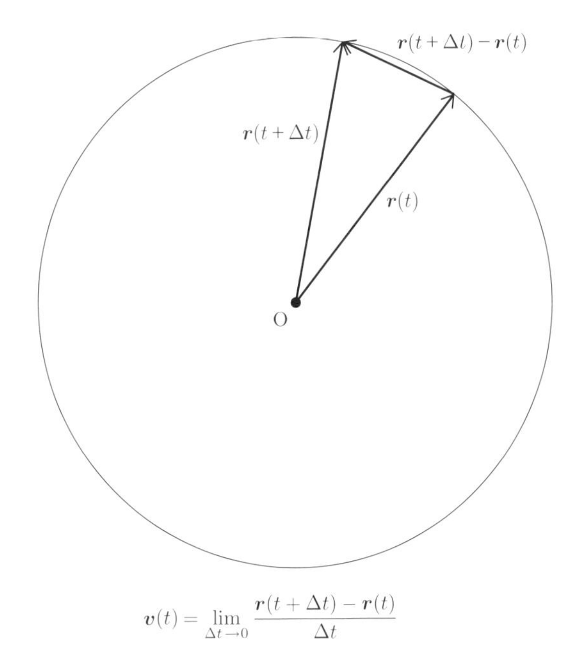

$$\boldsymbol{v}(t)=\lim_{\Delta t\to 0}\frac{\boldsymbol{r}(t+\Delta t)-\boldsymbol{r}(t)}{\Delta t}$$

図 1.12 等速円運動の位置と速度

解答

(1) 半径 r の円周の長さは $2\pi r$ なので，速さは $v=2\pi r/T$ で一定である．そして，原点を円の中心にとれば，図 1.12 のように位置ベクトルは変化するので，$\Delta t \to 0$ の極限における $\{\boldsymbol{r}(t+\Delta t)-\boldsymbol{r}(t)\}/\Delta t$ と定義される速度は，円周上の質点が位置する点における円の接線方向のベクトルで，その向きは質点が進む向きである．

(2) 質点の位置 $\boldsymbol{r}=(x,y)$ は，周期が T となる三角関数（付録 A.1 参照）を用いて，

$$x=r\cos\left(\frac{2\pi}{T}t\right),\quad y=r\sin\left(\frac{2\pi}{T}t\right)$$

と表すことができる．その結果，速度 $\boldsymbol{v}=(v_x,v_y)$ は，(1.6) より

$$v_x=-\frac{2\pi r}{T}\sin\left(\frac{2\pi}{T}t\right),\quad v_y=\frac{2\pi r}{T}\cos\left(\frac{2\pi}{T}t\right)$$

となる（章末問題 1.1 参照）. ■

では，時間に依存する速度 $\boldsymbol{v}(t)$ が与えられた場合に，$\boldsymbol{r}(t)$ はどのようにして求めることができるであろうか？

簡単のためにまず1次元（直線運動）で考えよう．図 1.13 は，x 方向の速度成分 $v(t)$ のグラフの例である（x の正の向きに動くとき $v(t) > 0$ とする）．時刻0から t までの時間を N 等分し，等分した時間間隔を $\Delta t = t/N$ としよう．時刻 t_i から $t_i + \Delta t$ の間の速さは近似的に $v_i = v(t_i)$ とみなせる．したがって，その間の変位 Δx_i は，$\Delta x_i = v(t_i)\,\Delta t$ で与えられる．時刻0から t までの変位 $x(t) - x(0)$ は，N を無限に大きくしたときのこれらの総和である．$N \to \infty$ のとき，$\Delta t \to 0$ となるが，無限小の量を無限個加えると有限な量になるのである．すなわち，変位 $x(t) - x(0)$ は曲線 $v(t)$ と t 軸，直線 $t = 0$，直線 $t = t$ によって囲まれた図形の面積（$v(t)$ が負の場合は負とする）に等しく，

$$x(t) - x(0) = \lim_{N\to\infty} \sum_{i=0}^{N-1} v(t_i)\,\Delta t \equiv \int_0^t v(t)\,dt \tag{1.7}$$

と**積分** (integral) を用いて表すことができる．このように，積分は無限個の微小な積の和である．(1.7) の右辺の積分は本来

$$\int_0^t v(t')\,dt'$$

と，t と t' を区別して書くべきであるが，混乱のおそれはないのでこれ以降もこのように略記する．

一般に，直線上の区間 $[a, b]$ を図 1.14 のように $(N+1)$ 個の分点 $x_i\,(i = 0, 1, \cdots, N)$ によって分割（必ずしも等分割でなくてよい）して $\Delta x_i = x_{i+1} - x_i$ とすると，$|\Delta x_i|$ の最大値が無限小となる極限で N が無限大となる．このとき，図 1.14 に示されている

$$\sum_{i=0}^{N-1} f(x_i)\,\Delta x_i$$

の N が無限大の極限値を関数 $f(x)$ の a から b までの定積分とよび，

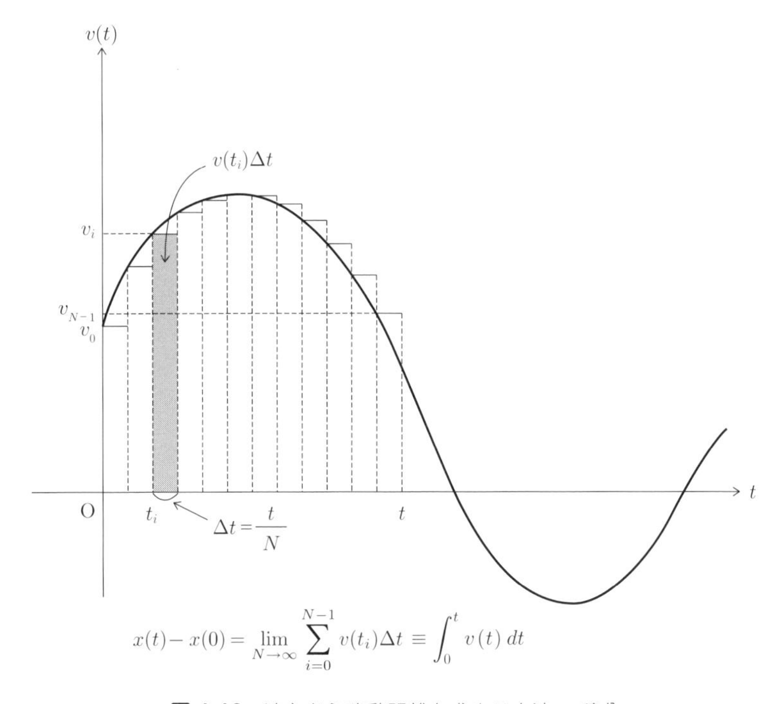

図 1.13 速さから移動距離を求める方法—積分

$$\int_a^b f(x)\,dx$$

と書く．すなわち，

$$\int_a^b f(x)\,dx \equiv \lim_{N\to\infty} \sum_{i=0}^{N-1} f(x_i)\,\Delta x_i \tag{1.8}$$

である．ここで，区間の上限 b を変数 x とした関数 $F(x)$ を関数 $f(x)$ の x についての積分とよび，

$$F(x) \equiv \int_a^x f(x)\,dx \tag{1.9}$$

と定義する．

$F(x)$ の微小変化 ΔF は

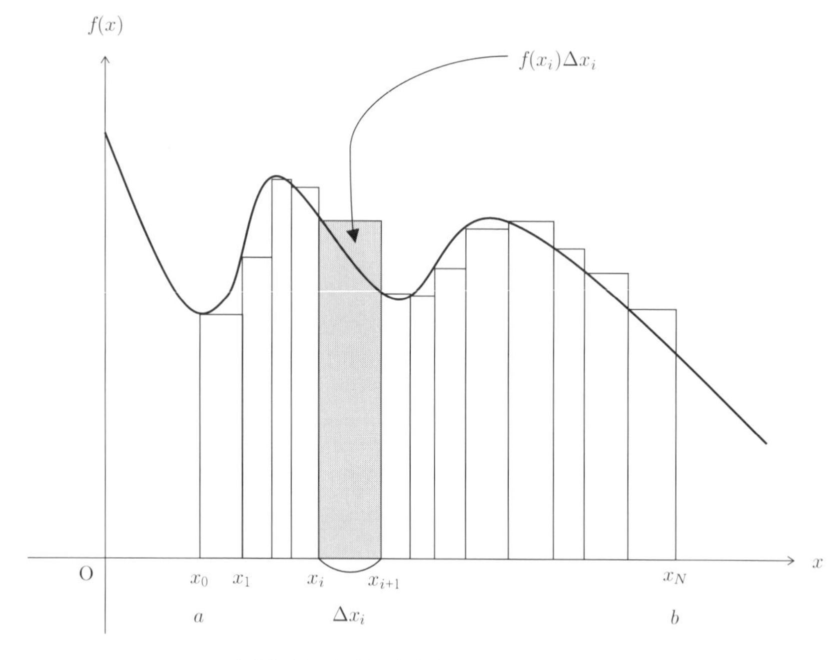

図 1.14　関数 $f(x)$ と区間 $[a, b]$ の分割

$$
\begin{aligned}
\Delta F = F(x+\Delta x) - F(x) &= \int_a^{x+\Delta x} f(x)\,dx - \int_a^x f(x)\,dx \\
&= \int_x^{x+\Delta x} f(x)\,dx \fallingdotseq f(x)\,\Delta x
\end{aligned} \tag{1.10}
$$

なので，

$$
\frac{dF(x)}{dx} = \lim_{\Delta x \to 0} \frac{\Delta F}{\Delta x} = \lim_{\Delta x \to 0} \frac{F(x+\Delta x) - F(x)}{\Delta x} = f(x) \tag{1.11}
$$

となる．すなわち，f の積分 F は微分すると f になる関数である．言い換えれば，微分の逆演算が積分なのである．

例題 1.3

(1.11) において $F(x) = x^2$ の場合，$f(x)$ を求めよ．

解答

$$F(x+\Delta x)-F(x)=(x+\Delta x)^2-x^2=2x\Delta x+(\Delta x)^2$$

なので，

$$f(x)=\lim_{\Delta x\to 0}\frac{F(x+\Delta x)-F(x)}{\Delta x}=\lim_{\Delta x\to 0}(2x+\Delta x)=2x$$

である． ■

例えば，

$$f(x)=1 \tag{1.12}$$

とすると，(1.8) から

$$\int_a^x dx=\lim_{N\to\infty}\sum_{i=0}^{N-1}\Delta x_i=x-a \tag{1.13}$$

が成り立つ．

ところで，(1.7) の右辺に $v(t)=dx/dt$ を代入すると

$$x(t)-x(0)=\int_0^t v(t)\,dt=\int_0^t \frac{dx}{dt}dt \tag{1.14}$$

と書ける．ここで，(1.13) における x と a が，それぞれ (1.14) における $x(t)$ と $x(0)$ の場合，

$$\int_0^t \frac{dx}{dt}dt=\int_a^x dx \tag{1.15}$$

という等式が成立する．すなわち，dx/dt は形式的に分数のように考えて計算できるのである．ただし，積分の変数を変えるとき，$x=x(t)$, $a=x(0)$ のように，積分区間の上限と下限を適切に対応させる必要があることに注意しよう．

次に 3 次元運動を考える．まず，図 1.15 に示されているように，3 次元運動についても (1.13) と同様の関係が成り立つ．すなわち，位置ベクトルについての積分は

$$\int_{\boldsymbol{a}}^{\boldsymbol{r}} d\boldsymbol{r}=\lim_{N\to\infty}\sum_{i=0}^{N-1}\Delta\boldsymbol{r}_i=\boldsymbol{r}-\boldsymbol{a} \tag{1.16}$$

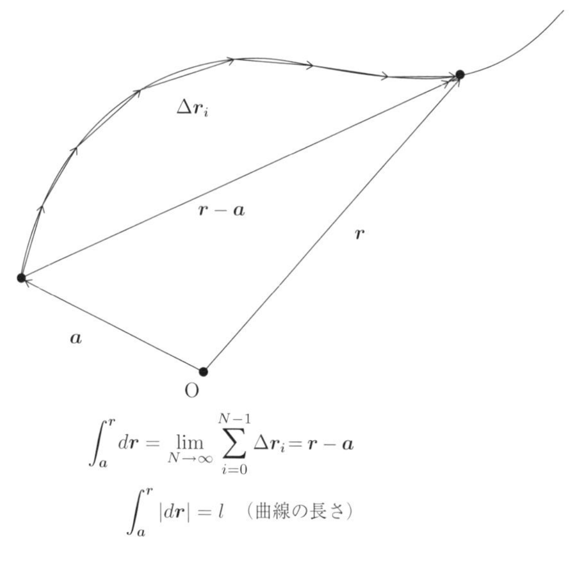

図 1.15　位置ベクトルについての積分

となり，初めと終わりの位置ベクトルの差に等しい．

(1.16) において，$\boldsymbol{a}$ を時刻 0 での位置ベクトル $\boldsymbol{r}(0)$，$\boldsymbol{r}$ を時刻 t での位置ベクトル $\boldsymbol{r}(t)$ とみなすと，$\boldsymbol{v}(t) = d\boldsymbol{r}(t)/dt$ より

$$\boldsymbol{r}(t) - \boldsymbol{r}(0) = \int_{\boldsymbol{a}}^{\boldsymbol{r}} d\boldsymbol{r} = \int_0^t \frac{d\boldsymbol{r}(t)}{dt} dt = \int_0^t \boldsymbol{v}(t)\, dt \tag{1.17}$$

が成立する．すなわち，変位は速度ベクトル $\boldsymbol{v}$ と微小時間 Δt の積 $\boldsymbol{v}\Delta t$ の無限個の和によって求められるのである．

一方，経路に沿って移動する距離 l は，微小時間の間に進む微小距離 $|d\boldsymbol{r}|$ の和であり，速さ $|\boldsymbol{v}(t)|$ の時間積分なので，$t > 0$ として

$$l = \int_{\boldsymbol{a}}^{\boldsymbol{r}} |d\boldsymbol{r}| = \int_0^t |\boldsymbol{v}(t)|\, dt \tag{1.18}$$

である．

1.4 速度と加速度

さて，運動を考える場合，速度と同様に，**加速度** (acceleration) も重要な概念であることがニュートンによって見出された．加速度 $\boldsymbol{a}$ は，単位時間あたりの速度変化であり，Δt の間の速度変化は $\boldsymbol{v}(t+\Delta t)-\boldsymbol{v}(t)$ によって与えられるので，

$$\boldsymbol{a}(t)=\lim_{\Delta t\to 0}\frac{\Delta \boldsymbol{v}}{\Delta t}=\lim_{\Delta t\to 0}\frac{\boldsymbol{v}(t+\Delta t)-\boldsymbol{v}(t)}{\Delta t}\equiv\frac{d\boldsymbol{v}(t)}{dt} \tag{1.19}$$

と定義される．これは，(1.5) の右辺において $\boldsymbol{r}$ を $\boldsymbol{v}$ に置き換えれば左辺が $\boldsymbol{a}$ となることを示している．速度 $\boldsymbol{v}(t)$ を時間微分したものが加速度（ベクトル）$\boldsymbol{a}$ なのである．したがって，(1.6) より

$$\boldsymbol{a}=\frac{d\boldsymbol{v}}{dt}=\frac{d^2x}{dt^2}\boldsymbol{e}_x+\frac{d^2y}{dt^2}\boldsymbol{e}_y+\frac{d^2z}{dt^2}\boldsymbol{e}_z=\left(\frac{d^2x}{dt^2},\frac{d^2y}{dt^2},\frac{d^2z}{dt^2}\right)=(a_x,a_y,a_z) \tag{1.20}$$

という関係式が得られる．ただし，a_x,a_y,a_z はそれぞれ加速度 $\boldsymbol{a}$ の x,y,z 成分である．また，(1.17) と同様に

$$\boldsymbol{v}(t)-\boldsymbol{v}(0)=\int_0^t\boldsymbol{a}(t)\,dt \tag{1.21}$$

が成り立つ．

簡単な例として，等加速度（加速度 $\boldsymbol{a}$ が定ベクトル）の場合は (1.21) より，

$$\boldsymbol{v}(t)=\boldsymbol{v}(0)+\boldsymbol{a}t \tag{1.22}$$

となる．特に，加速度が 0 の運動は等速直線運動である．これは，(1.22) において $\boldsymbol{a}=0$ とすると

$$\boldsymbol{v}(t)=\boldsymbol{v}(0) \tag{1.23}$$

が導かれ，速度 $\boldsymbol{v}$ が時間によらず一定のベクトル $\boldsymbol{v}(0)$ となることからわかる．一般に，時間微分して 0 になるベクトルは定ベクトルである．

速度は速い遅いなどで感覚的にとらえやすい量であるが，加速度は実感しに

くい量である．実際，地上で落下する物体は，時間の経過とともに徐々に速さを増すので加速度が 0 でないことはわかるが，その加速度が一定であることは計測してみないとわからない．

例題 1.4

(1) 一定の速さ v で半径 r の円周上を反時計まわりに回転する質点の加速度を求めよ．（ヒント：図 1.16）

(2) 時間を t として (1) の加速度を 2 次元のデカルト座標で表せ．ただし，座標原点を円の中心とし，質点の初期 $(t=0)$ 座標を $(r,0)$ とする

解答

(1) 例題 1.2 の (1) で求めた速度は向きが時間変化するが，それらベクトルの始点を点 O′ に合わせれば，図 1.16 のように，終点は半径 v の円周上を等速で動く．加速度は速度を時間微分した量なので，例題 1.2 の (1) と同様に考えると，加速度の向きは速度に垂直である．ここで，質点が回転する円の中心 O を原点とする位置ベクトルに速度が垂直であることを思い出すと，加速度の向きは位置ベクトルの向きの逆であることがわかる．また，速度は，物体が円を 1 回転すると，その終点も半径 v の円周（長さ $2\pi v$）を 1 回転するので，終点の動く速さ，すなわち加速度の大きさは

$$\frac{2\pi v}{(2\pi r/v)} = \frac{v^2}{r}$$

である．加速度の大きさと向きは直感ではとらえにくい．

(2) 例題 1.2 の (2) より，速度 $\boldsymbol{v} = (v_x, v_y)$ は

$$v_x = -v\sin\left(\frac{v}{r}t\right), \quad v_y = v\cos\left(\frac{v}{r}t\right)$$

と表すことができるので，加速度 $\boldsymbol{a} = (a_x, a_y)$ は上式を t で微分して

$$a_x = -\frac{v^2}{r}\cos\left(\frac{v}{r}t\right), \quad a_y = -\frac{v^2}{r}\sin\left(\frac{v}{r}t\right)$$

と求められる．したがって，加速度の大きさは v^2/r であることがわかる．

また，質点の位置 $\boldsymbol{r} = (x, y)$ は

$$x = r\cos\left(\frac{v}{r}t\right), \quad y = r\sin\left(\frac{v}{r}t\right)$$

なので，

$$a_x = -\left(\frac{v}{r}\right)^2 x, \quad a_y = -\left(\frac{v}{r}\right)^2 y$$

が成り立つ．すなわち

$$\boldsymbol{a} = (a_x, a_y) = -\left(\frac{v}{r}\right)^2 (x, y) = -\left(\frac{v}{r}\right)^2 \boldsymbol{r}$$

と書け，等速円運動の場合，加速度 $\boldsymbol{a}$ の向きは位置ベクトル $\boldsymbol{r}$ の向きの逆であることがわかる．（加速度の 2 次元極座標表示については第 4 章 4.2 節参照.）■

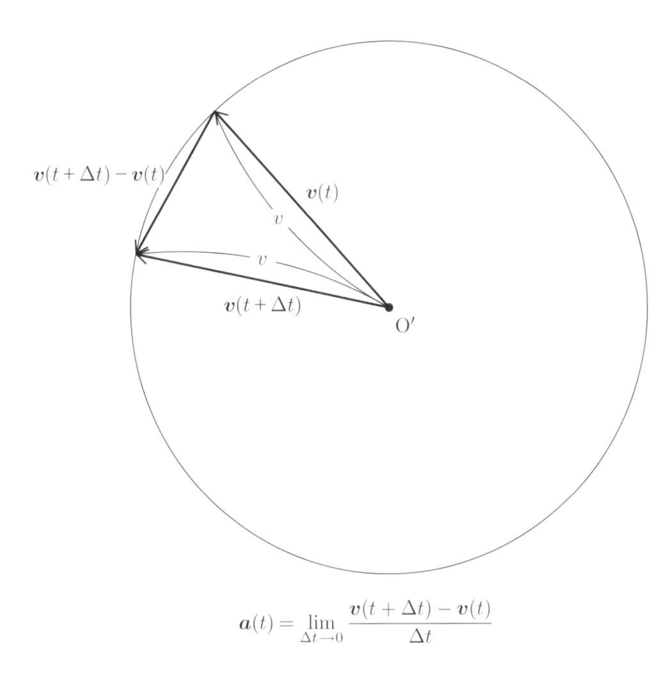

図 1.16　等速円運動の速度と加速度

コラム：アキレスと亀

運動は身近にありふれた現象であるが，それを正確に表現することは簡単でなく，日常のあいまいな言葉だけで考えると現実に矛盾する結論を招くことがある．例えば，古代ギリシャの自然哲学者であるエレア派のゼノン (Zeno of Elea) が唱えたとされる「運動のパラドックス」はその例である．ここではその中から「アキレスと亀」のパラドックス（逆説）を紹介しよう．

駿足のアキレスと歩みの遅い亀が，なぜか直線トラック上を競走することになった．誰が見ても亀が負けそうなので，ハンデがつけられて，アキレスは亀の少し後方の地点 A_0 から用意ドンで地点 A_1 にいる亀と同時にスタートした．アキレスは亀に追いつこうと走り，やがて亀のスタート地点 A_1 まで到達するはずである．その間，亀も遅いながらも止まっているわけではないので，アキレスが亀のスタート地点 A_1 まで到達したときに，スタート地点より少し前方の地点 A_2 にいるはずである．次に，アキレスは地点 A_2 に到達するはずである．そのとき，同様の理由により亀は地点 A_2 より少し前方の地点 A_3 にいる．というわけで，このように繰り返し考えると亀は常にアキレスの前にいる．つまり，アキレスは亀をいつまで経っても追い抜けないのである．

これは現実と相反する結論を導くので，まさにパラドックスである．実際にはアキレスは亀を抜き去るので，上記の考え方のどこかに欠陥があるはずである．どこにあるのだろうか?

その欠陥を見出すために，具体的に簡単な事例を想定して考えてみるとよい．ここでは，図 1.17 のように，アキレスはオリンピックに出場できるほどのスーパーアスリートで秒速 $10\,\mathrm{m}$ の速さで走るとし，亀は亀としても特に俊足というわけではなく秒速 $0.1\,\mathrm{m}\,(10\,\mathrm{cm})$ の速さで移動するとしよう．そして，ハンデを $10\,\mathrm{m}$ に設定すると，A_0 と A_1 間の距離が $10\,\mathrm{m}$ となる．まず，競争開始からアキレスが亀のスタート地点 A_1 に到達するまでの時間 t_1 は，$t_1 = 10\,\mathrm{m} \div 10\,\mathrm{m/s} = 1\,\mathrm{s}$ である．したがって，A_1 と A_2 間の距離は $0.1\,\mathrm{m/s} \times 1\,\mathrm{s} = 0.1\,\mathrm{m}$ となる．よって，アキレスが地点 A_1 から地点 A_2 に到達するまでの時間 t_2 は，$t_2 = 0.1\,\mathrm{m} \div 10\,\mathrm{m/s} = 0.01\,\mathrm{s}$ である．したがって，A_2 と A_3 間の距離は $0.1\,\mathrm{m/s} \times 0.01\,\mathrm{s} = 0.001\,\mathrm{m}$ と

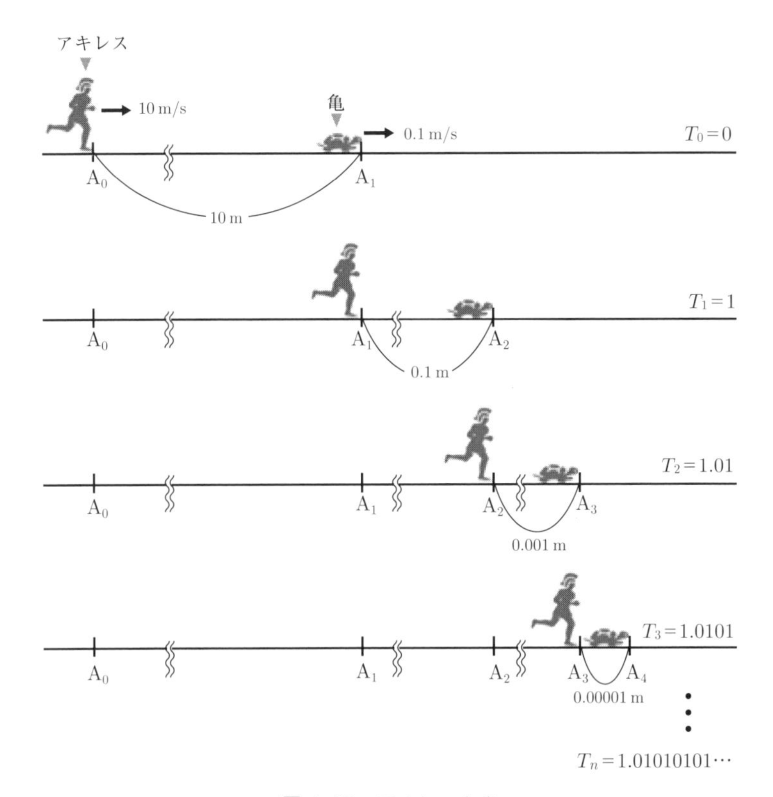

図 1.17　アキレスと亀

なる．よって，アキレスが地点 A_2 から地点 A_3 に到達するまでの時間 t_3 は $t_3 = 0.001\,\mathrm{m} \div 10\,\mathrm{m/s} = 0.0001\,\mathrm{s}$ である．同様に，あとに続く時間 t_n は，$t_n = 10^{2-2n}\,\mathrm{s}$ と，n が増すにつれて 1/100 倍ずつ小さくなっていく．したがって，競争開始から第 n 段階までの経過時間 T_n は，

$$
\begin{aligned}
T_n &= t_1 + t_2 + \cdots + t_n = 1 + 0.01 + \cdots + 100 \times 0.01^n\,\mathrm{s} \\
&= \frac{1-0.01^n}{1-0.01}\,\mathrm{s} = \frac{100(1-0.01^n)}{99}\,\mathrm{s}
\end{aligned}
$$

と計算できる．ここで気づくのは，この考え方を無限回繰り返して $n \to \infty$ としても，競争開始から有限の時間 $T_\infty = t_1 + t_2 + \cdots = 100/99\,\mathrm{s}$ しか経過しない事実である．この時間 T_∞ が，ハンデの距離 $10\,\mathrm{m}$ を秒速 $9.9\,\mathrm{m}$ と

いう相対的な速さでつめる時間であり，すなわちアキレスが亀に追いつくまでの時間である．

改めて第2段落の「アキレスと亀」のパラドックスの記述を読み返してみると，下から3行目の「このように繰り返し考えると」を読むときに，うっかり各段階で同じ時間が経過するような錯覚をして，距離が短くなるとかかる時間も短くなることに気づかせない言い回しになっていることがわかる．上のように数学を使って正しく計算すると，追いつくまでの時間が有限であること，すなわち実際にはアキレスは亀を抜き去ることを納得できるのである．

現代ではこのパラドックスのからくりがこのように比較的簡単に見出されるが，極限という概念が正確に把握されていなかった時代は大きな謎であったと思われる．運動という一見簡単な現象に，極限という精緻な概念が関与することを示唆している．運動を正確に表現するためには，数学という言葉が必要である．

章末問題

1.1 $f(t) = \sin \omega t$ と $g(t) = \cos \omega t$ の t に関する微分を，その定義を用いて導出せよ（付録 (A.4)，(A.5)，(A.38)，(A.39) 参照）．ただし，ω（オメガ）は定数とする．

1.2 質点の位置 $\boldsymbol{r} = (x,\, y)$ が，v_0, g, h を定数として，

$$x = v_0 t, \quad y = -\frac{1}{2}gt^2 + h$$

で与えられるとき，速度 $\boldsymbol{v} = (v_x, v_y)$ と加速度 $\boldsymbol{a} = (a_x, a_y)$ を求めよ．

1.3 楕円上を運動する質点の位置ベクトル $\boldsymbol{r} = (x, y)$ が，a, b, ω を定数として

$$x = a \cos \omega t, \quad y = b \sin \omega t$$

で与えられるとき，質点の加速度は位置ベクトルと逆向きになることを示せ．

第2章 運動法則

相対性理論が必要な光の速さに近い高速の運動や，量子力学が必要な分子以下の微小な粒子の運動を除き，すべての運動や力学現象はニュートンの 3 法則に従っている．本章では，質点に対してそれぞれの法則を理解する．

2.1 第1法則—慣性の法則

「静止している質点は力が加えられない限り静止し続け，動いている質点は力が加えられない限り同じ速さで直線運動を続ける.」

ここで，**力** (force) の定義はあいまいであるが,「力」を他の物体からの影響と捉えると，それがまったくない状態での運動は等速直線運動であることを，この第 1 法則は主張している．(速さが 0 の等速直線運動は静止状態を意味する.）これが**慣性の法則** (law of inertia) である．

しかしながら多くの現象は力が関係しているので，厳密にこの法則を観測することは難しい．例えば，地表付近の物体は常に地球からの**重力** (gravity) を受けている．慣性の法則は，力がまったく作用しない特殊な状況を考えた場合に成り立つ法則であることに注意しなければならない．

また，この法則はどんな座標系でも成り立つわけではないので，成り立つ座標系を特に**慣性系** (inertial frame of reference) とよぶ．したがって，この第 1 法則は慣性系の存在を主張していることになる．第 6 章で示すように，ある慣性系に対して等速直線運動している座標系も，やはりそこで慣性の法則が成り立つので慣性系である．したがって，慣性系は無数にあることになる．

2.2 第2法則—運動の法則

「質量 m の質点に合力 $\boldsymbol{F}$ がはたらくと，その質点の加速度 $\boldsymbol{a}$ が生じ，

$$m\boldsymbol{a} = \boldsymbol{F} \tag{2.1}$$

が成り立つ．」

ここで**合力** (resultant force) とは受けているすべての力のベクトル和のことである．(2.1) は**運動方程式** (equation of motion) とよばれ，合力が質点に作用すると加速度が生じることを意味し，その場合に合力と加速度は平行で向きが同じであることを示している．これが**運動の法則** (law of motion) である．

複数の力がはたらいていてもその合力が 0 のとき，あるいは力がまったくないとき，いずれも $\boldsymbol{F} = 0$ なので (2.1) より加速度が 0 ($\boldsymbol{a} = 0$) になる．すなわち (2.1) は第 1 法則を満たす．第 1 章の 1.4 節で学んだように，加速度ゼロの運動は等速直線運動を意味するからである．その意味で，第 2 法則に加えて第 1 法則を設ける理由はないように思えるかもしれない．しかし，実は第 1 法則は必要なのである．というのは，第 2 法則が成り立つ座標系は第 1 法則が成り立つ慣性系であるという前提があるからだ．また，第 1 法則はたとえ第 2 法則が間違っていたとしても成り立つ独立した法則であるからだ．実際，原子や電子などの質量の小さい粒子の運動は (2.1) とは異なる方程式に従うが，その場合も第 1 法則は成り立つと考えられる．

また，(2.1) から，質量 m は加速のしにくさを表す物理量であることがわかる．同じ力 $\boldsymbol{F}$ がはたらく場合，m が大きいほど加速度 $\boldsymbol{a}$ の大きさは小さくなるからである．運動が変化しにくいこと（つまり，加速度の大きさが小さいこと）を慣性が大きいというので，m は厳密には**慣性質量** (inertial mass) とよばれる．

(2.1) から力の SI 単位は $\mathrm{kg{\cdot}m/s^2}$ となり，これを N と表記してニュートンとよぶ．地表付近では物体の落下加速度の大きさがほぼ $9.8\,\mathrm{m/s^2}$ となるので，1 kg の物体を支える力の大きさが 9.8 N であることがわかる．その大きさについて大雑把に言えば，1 N とは約 100 g の物体を支える力の大きさである．また，地表付近で 1 kg の物体を支える力の大きさを 1 kgw（キログラム重），ある

いは 1 kgf（重力キログラム）とする単位もある．

(2.1) は力学の基礎方程式であり，運動を決定するのみならず，逆に運動から未知の力や質量を推測することができる．

例えば，慣性系において，質量 m の質点の加速度から，(2.1) によってその質点にはたらいている力を知ることができる．前述のように，地表付近で落下する質点は加速度をもつので，下向きに力がはたらいている．それを重力とよぶ．落下する物体の加速度を $\boldsymbol{g}$ と表記し，**重力加速度** (gravitational acceleration) とよぶ．$\boldsymbol{g}$ の向きは鉛直（おもりを糸で吊り下げたときの糸が示す方向）下向きで，大きさ g は質点の質量によらず地上付近ではおよそ $g = 9.8\,\mathrm{m/s^2}$ となることが観測される．すると，(2.1) において $\boldsymbol{a} = \boldsymbol{g}$ だから

$$m\boldsymbol{g} = \boldsymbol{F} \tag{2.2}$$

となる．すなわち，質量 m に比例した鉛直下向きの重力 $m\boldsymbol{g}$ がはたらいていることがわかる．

別の例として，質量 m の質点が半径 r の円周上を等速 v で回転しているときに質点にはたらく力を求めよう．第 1 章の例題 1.4 (1) によれば，質点は円の中心を原点とする位置ベクトルと逆向きに v^2/r という大きさの加速度をもつ．したがって，第 2 法則より，半径方向で円の中心に向かう大きさ mv^2/r の力が質点にはたらいているはずである．この力を**向心力** (centripetal force) とよぶ．

また，既知の質量と力から (2.1) を用いることによって加速度を求め，それを積分して速度や位置がわかる．(2.2) を導く際は地表付近の重力を未知の力としたが，ここではそれを (2.2) で与えられる既知の力としてみよう．地表付近の重力を受ける質点の加速度を $\boldsymbol{a}$ とすると，(2.1) より

$$m\boldsymbol{a} = m\boldsymbol{g} \tag{2.3}$$

すなわち

$$\boldsymbol{a} = \boldsymbol{g} \tag{2.4}$$

が結論される．重力を既知とすると質点の加速度が観測せずともわかるのである．

次に重力だけを受けて運動する質点の速度と位置を求めよう．このとき，加

速度は (2.4) で与えられる．

まず，観測を始めた時刻 ($t=0$) に鉛直上向きに v_0 という大きさの速度で質点が動いている場合を考えよう．質点に鉛直下向きの重力しかはたらいていないとすると，質点はその後も鉛直線上を運動することになる．時刻 t での速度の鉛直成分 v は，鉛直上向きを正とすると，加速度の鉛直成分 a が (2.4) より $a=-g$ なので，これを時間で積分することによって，

$$v=\int_0^t a\,dt+v_0=-gt+v_0 \tag{2.5}$$

と求めることができる．さらに，(2.5) を時間で積分することによって，質点の高さ h は

$$h=\int_0^t v\,dt+h_0=-\frac{1}{2}gt^2+v_0t+h_0 \tag{2.6}$$

で与えられることがわかる．ここで h_0 は質点の初期時刻 ($t=0$) における高さである．

次に一般の場合として，初期に質点が任意の向きに動いている場合を考えよう．質点が受けている力はやはり重力だけとする．そこで，図 2.1 のように，座標軸 x を水平（静止した水面のように傾きがなく平らな状態）方向，座標軸 y を鉛直方向上向きにとり，$t=0$ のとき質量 m の質点が位置 $\boldsymbol{r}_0=(x_0,y_0)$ にあって初速度 $\boldsymbol{v}_0=(v_{0x},v_{0y})$ で運動を開始したとしよう．この質点に対する x,y 方向の運動方程式は

$$m\frac{d^2\boldsymbol{r}}{dt^2}=m\boldsymbol{g} \tag{2.7}$$

であるが，成分に分けると

$$m\frac{d^2x}{dt^2}=0 \tag{2.8}$$

$$m\frac{d^2y}{dt^2}=-mg \tag{2.9}$$

となる．したがって，x,y 方向の速度成分 $v_x=dx/dt$，$v_y=dy/dt$ は

$$v_x=v_{0x} \tag{2.10}$$

$$v_y=-gt+v_{0y} \tag{2.11}$$

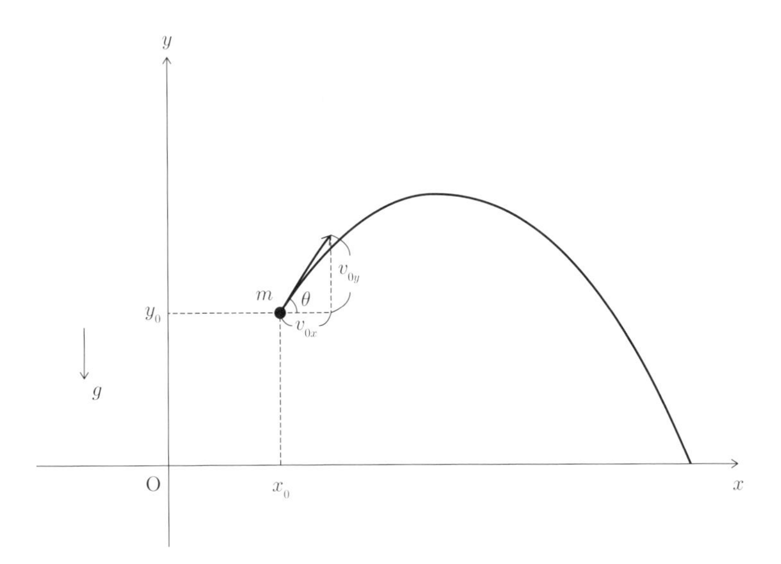

図 2.1　放物運動

である．さらには，

$$x = v_{0x}t + x_0 \tag{2.12}$$

$$y = -\frac{1}{2}gt^2 + v_{0y}t + y_0 \tag{2.13}$$

と求まる．さて，(2.12) より

$$t = \frac{x - x_0}{v_{0x}} \tag{2.14}$$

なので，これを (2.13) に代入すると，

$$y = -\frac{1}{2}g\left(\frac{x - x_0}{v_{0x}}\right)^2 + v_{0y}\left(\frac{x - x_0}{v_{0x}}\right) + y_0 \tag{2.15}$$

を得る．(2.15) は質点の軌跡を表しており，y が x の 2 次関数なので軌跡は放物線となる．

ここで，ボールを投げる距離を競う遠投を考えよう．遠投において，投げ始めのボールの速さが投げ上げる角度によらず同じだとすると，ボールを水平からどの程度の角度をつけて投げるとよいのだろうか？　空気抵抗を無視すると，上記の考察が適用できるはずである．ボールが上がる高さに比べて人の身長は無視できるほど短いとすると (2.15) において $y_0 = 0$ と近似できる．また，x_0 を原点に選ぶ ($x_0 = 0$)．このとき，投げられたボールが着地したときの水平移動距離 x は，(2.15) の左辺 y を 0 とした

$$0 = -\frac{1}{2}g\left(\frac{x}{v_{0x}}\right)^2 + v_{0y}\left(\frac{x}{v_{0x}}\right) \tag{2.16}$$

を満たす．この 2 次方程式の $x = 0$ でない解として

$$x = \frac{2}{g}v_{0x}v_{0y} \tag{2.17}$$

が求まる．ここで，図 2.1 に示されているように，ボールの水平からの投射角度を θ（シータ）とすると，ボールの初期速さを v_0 として

$$v_{0x} = v_0 \cos\theta \tag{2.18}$$

$$v_{0y} = v_0 \sin\theta \tag{2.19}$$

と表すことができる．これらを (2.17) に代入すると

$$x = \frac{2v_0^2}{g}\sin\theta\cos\theta = \frac{v_0^2}{g}\sin 2\theta \tag{2.20}$$

を得る．したがって，x は θ が $\pi/4$ のとき最大値 v_0^2/g をとる．この計算では人の身長を無視できるとしたが，厳密にはボールが投げた人の手を離れたときの高さに戻るまでの距離である．空気抵抗が無視できる場合の遠投では，投げる人がどの角度でも同じ最大の速さで投げる能力があると仮定すれば，水平から 45° の角度でボールを投げればベストの記録を得ることを示している．

例題 2.1

　上記の遠投において，ボールを秒速 25 m で投げた人の記録は 55 m であった．その人はボールを水平からおよそ何度の角度で投げたか？　重力加速度の大きさを 9.8 m/s^2 として推定せよ．ただし，空気抵抗と人の身長は無視する．

解答

(2.20) に，$x = 55\,\mathrm{m}$，$v_0 = 25\,\mathrm{m/s}$，$g = 9.8\,\mathrm{m/s^2}$ を代入すると，

$$\sin 2\theta \fallingdotseq 0.86 \fallingdotseq \sqrt{3}/2.$$

となる．したがって，$2\theta \fallingdotseq 60°$，$120°$，すなわち $\theta \fallingdotseq 30°$，$60°$ である．その人は水平からおよそ $30°$ か $60°$ の角度で投げたと推定される．■

運動量

ここで，運動の大きさと方向を表す量として**運動量** (momentum) を考えよう．運動量 $\boldsymbol{p}$ は，質点の質量 m と速度 $\boldsymbol{v}$ を用いて

$$\boldsymbol{p} \equiv m\boldsymbol{v} = m\frac{d\boldsymbol{r}}{dt} \tag{2.21}$$

と定義される．すると，$\boldsymbol{a} = d\boldsymbol{v}/dt = d^2\boldsymbol{r}/dt^2$ なので，運動方程式 (2.1) は

$$\frac{d\boldsymbol{p}}{dt} = \boldsymbol{F} \tag{2.22}$$

と表現できる．ここで質量 m は定数であることを仮定している．ただし，質量が時間的に変化する場合がある．例えばロケットはその質量の一部を噴射することによって上昇するので，ロケットを質点とみなす場合もその質量が時間的に変化する．しかしながら，そのような状況はあまりないので，本書では質量 m が時間的に変化せず一定の場合のみ考える．

さて，(2.22) より，質点にはたらく合力 $\boldsymbol{F}$ が 0 の場合は，

$$\frac{d\boldsymbol{p}}{dt} = 0 \tag{2.23}$$

となる．すなわち，合力が 0 の場合，運動量 $\boldsymbol{p}$ は定ベクトルとなる．$\boldsymbol{p} = m\boldsymbol{v}$ なので，これは速度が一定の等速直線運動（等速度運動）を意味する．

質点が運動すると一般に物理量は時間的に変化するが，変化しない物理量が存在する場合がある．その場合, 時間的に変化しない物理量を**保存量** (conservative quantity) とよぶ．したがって，(2.23) は，運動量は合力が 0 の場合に保存量となることを示している．

また，第1章の (1.17) と同様に，時刻 t_1 から時刻 t_2 までの運動量変化 $\Delta \boldsymbol{p}$ は，(2.22) より

$$\Delta \boldsymbol{p} \equiv \boldsymbol{p}(t_2) - \boldsymbol{p}(t_1) = \int_{\boldsymbol{p}(t_1)}^{\boldsymbol{p}(t_2)} d\boldsymbol{p} = \int_{t_1}^{t_2} \frac{d\boldsymbol{p}}{dt}\, dt = \int_{t_1}^{t_2} \boldsymbol{F}\, dt \tag{2.24}$$

となる．この最後の等式の右辺は力と微小時間の積和であり，**力積** (impulse) とよばれる．この言葉を用いれば，(2.24) は「運動量変化は力積に等しい」ことを示している．

2.3　第3法則—作用・反作用の法則

「二つの質点 1，2 があり，互いに力を及ぼし合っているとき，質点 1 が質点 2 から受ける力 $\boldsymbol{F}_{12}$ は，質点 2 が質点 1 から受ける力 $\boldsymbol{F}_{21}$ と大きさが同じで向きが反対である．すなわち，

$$\boldsymbol{F}_{12} = -\boldsymbol{F}_{21} \tag{2.25}$$

である．」

地表付近での重力を例にとると，質点は地球から引っ張られているとともに地球は質点から同じ大きさの力で引っ張られていることを，この**作用・反作用の法則** (law of action and reaction) は主張する．

ここで注意すべきは，力がはたらく場合，主体と客体があることである．質点 1 を力の主体とすれば質点 2 はその客体であり，図 2.2 のように，質点 2 に加わる力は $\boldsymbol{F}_{21}$ のみであって，$\boldsymbol{F}_{12}$ も質点 2 に作用するわけではない．もし $\boldsymbol{F}_{12}$ と $\boldsymbol{F}_{21}$ の両方が質点 2 に加わると考えると，質点 2 には合計で力がはたらかないので合力 0 という誤った結論を導いてしまう．

この法則も経験的に当たり前のように思える．何かを押せばそれと同じ力で押し返されるからだ．しかし，例外なく常にそうなっていることを見落としてしまうこともある．後にわかるように，この法則を見落とさないことにより，質

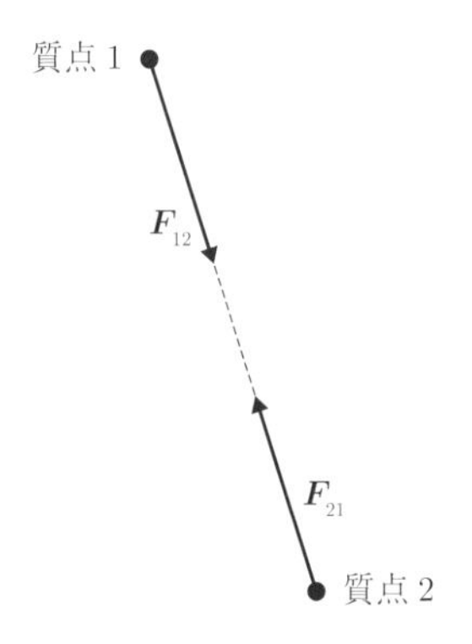

図 2.2　作用・反作用の法則

点の運動を正しく理解できたり，複数の質点や物体の運動解析が比較的簡単になったりする．

コラム：ニュートン

本章で説明した運動法則は，アイザック・ニュートンが 1687 年に発刊した『プリンキピア（自然哲学の数学的諸原理）』に記されたものである．

ニュートンは，近代科学の父とよばれるイタリアのガリレオ・ガリレイ (Galileo Galilei, 1564 – 1642) が亡くなって間もなく 1642 年にイングランドのウールスソープという村に生まれた．母親が再婚して祖母に養育されるなど複雑な幼少期を経て，1661 年にケンブリッジのトリニティコレッジに進学し，アイザック・バロー (Isaac Barrow) という良き師に巡り会い，彼の才能が開花することになる．学位を取得した頃，ペストが大流行して大学が閉鎖されたため，故郷のウールスソープに戻った．この期間はわずか 1 年半ほどであったが，雑事から解放されて研究に集中することができたようで，「流率法（微積分法）」を着想したり「プリズムの分光」実験を行ったりして，彼の主要な業績が成し遂げられた．

『プリンキピア』には，運動法則のほか，「万有引力の法則」も記載されている．「リンゴが落ちるのを見て万有引力を思いついた」といわれるが，その真偽は明らかでない．しかし，リンゴが落ちるのも惑星が太陽のまわりを公転するのも万有引力（第5章5.1.1項参照）が原因であることを見出したのは確かである．地上も天上も同じ法則が成り立っているという発見は当時の社会に大きな衝撃を与えたようである．

ヨハン・ベルヌーイ (Johann Bernoulli) の公開問題を一夜で解くなど，数多くのエピソードがあるが，晩年は造幣局長官に転身し，その後は錬金術に没頭した．1705年にナイトの称号を授けられ，1727年に没する．ウェストミンスター寺院に大きな地球を背景にした墓があるイギリスの偉人である．

章末問題

2.1 加速する電車の中で，第1法則（慣性の法則）は成り立つだろうか？　観測される運動を考えて答えよ．

2.2 地表付近でボールを投げる場合，一定の水平距離を隔てた鉛直面に最短時間で到達させるためには，ボールを水平からどの程度の角度をつけて投げるとよいのだろうか？　ただし，投げ始めのボールの速さは投げる角度によらず同じとする．

2.3 ある高さから水平面と角度 θ をなす方向に速さ v で小さなボールを投げ上げた $(0^\circ < \theta < 90^\circ)$．速さ v が $\cos\theta$ に比例する場合，ボールが落下してもとの高さに戻るときのボールの水平移動距離が最大となる θ の値を求めよ．ただし，空気抵抗は無視する．

第3章 仕事とエネルギー

本章では，**仕事** (mechanical work)，**運動エネルギー** (kinetic energy)，**ポテンシャルエネルギー** (potential energy) という物理量と，**力学的エネルギー保存則** (law of conservation of mechanical energy) について学ぶ．

3.1 仕事

仕事という言葉は広く一般に用いられるが，力学における**仕事** (work) はより限定的である．例えば，質点が鉛直方向に自由落下するとき，重力がする仕事は，(重力の大きさ) × (質点が落下した距離) である．すなわち，質点にはたらく一定の力 $\boldsymbol{F}$ と質点の変位 $\boldsymbol{d}$ が常に同じ向きの場合，力 $\boldsymbol{F}$ のする仕事 W は

$$W = |\boldsymbol{F}|\,|\boldsymbol{d}| \tag{3.1}$$

と定義される．

しかしながら，一般には力と変位は平行でない．そこで，質点が動いて $\Delta\boldsymbol{r}$ の微小変位をしたとき，質点に作用している力 $\boldsymbol{F}$ がする微小な仕事 ΔW は

$$\Delta W = \boldsymbol{F}\cdot\Delta\boldsymbol{r} \tag{3.2}$$

と定義される．右辺 $\boldsymbol{F}\cdot\Delta\boldsymbol{r}$ は，力 $\boldsymbol{F}$ と微小変位 $\Delta\boldsymbol{r}$ の**内積** (inner product)，あるいは**スカラー積** (scalar product) とよばれる量である．

ベクトルの内積

内積は二つのベクトルから一つのスカラーをつくる演算である．その二つの

ベクトルを $\boldsymbol{A}, \boldsymbol{B}$ とすると，内積を $\boldsymbol{A}\cdot\boldsymbol{B}$ と書く．

ベクトル $\boldsymbol{A}, \boldsymbol{B}$ のなす角を図 3.1 のように θ とすると $(0^\circ \leq \theta \leq 180^\circ)$，内積 $\boldsymbol{A}\cdot\boldsymbol{B}$ は

$$\boldsymbol{A}\cdot\boldsymbol{B} = AB\cos\theta \tag{3.3}$$

と定義される．図 3.1 に示されているベクトル $\boldsymbol{A}, \boldsymbol{B}$ では，$B\cos\theta$ は $\boldsymbol{B}$ の $\boldsymbol{A}$ 方向の射影（$\boldsymbol{A}$ に垂直な光をあてたとき，$\boldsymbol{A}$ 上にできる $\boldsymbol{B}$ の影）の長さである．したがって，内積 $\boldsymbol{A}\cdot\boldsymbol{B}$ は，A と $B|\cos\theta|$ との積を絶対値とし，$\theta < 90^\circ$ の場合は正，$\theta > 90^\circ$ の場合は負となるスカラーであるともいえる．この定義から，直交するベクトル $(\theta = 90^\circ)$ の内積は 0 である．逆に，内積が 0 となる大きさが 0 でない二つのベクトルは直交する．また，$\boldsymbol{A}\cdot\boldsymbol{B} = \boldsymbol{B}\cdot\boldsymbol{A}$ であることがわかる．

内積については，任意のスカラーを c として，

$$(c\boldsymbol{A})\cdot\boldsymbol{B} = \boldsymbol{A}\cdot(c\boldsymbol{B}) = c\,(\boldsymbol{A}\cdot\boldsymbol{B}), \quad \boldsymbol{A}\cdot(\boldsymbol{B}+\boldsymbol{C}) = \boldsymbol{A}\cdot\boldsymbol{B} + \boldsymbol{A}\cdot\boldsymbol{C} \tag{3.4}$$

が成り立つ．

また，単位ベクトル同士の内積は，定義より

$$\boldsymbol{e}_x\cdot\boldsymbol{e}_x = \boldsymbol{e}_y\cdot\boldsymbol{e}_y = \boldsymbol{e}_z\cdot\boldsymbol{e}_z = 1, \quad \boldsymbol{e}_x\cdot\boldsymbol{e}_y = \boldsymbol{e}_y\cdot\boldsymbol{e}_z = \boldsymbol{e}_z\cdot\boldsymbol{e}_x = 0 \tag{3.5}$$

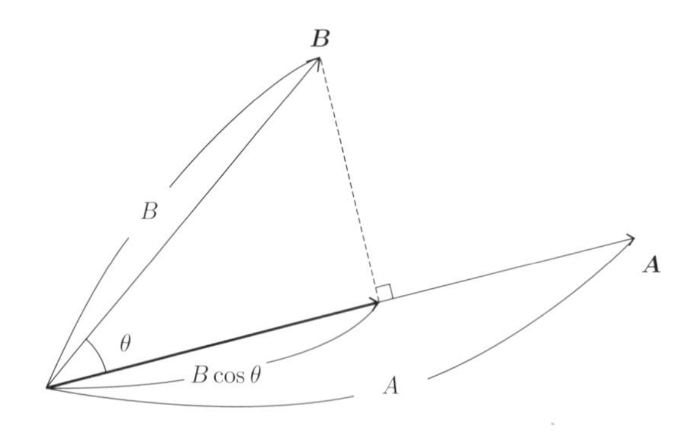

$\boldsymbol{A}\cdot\boldsymbol{B} = AB\cos\theta$

図 3.1　ベクトルの内積

である．ここで，ベクトル $\boldsymbol{A}, \boldsymbol{B}$ の成分表示をそれぞれ (A_x, A_y, A_z), (B_x, B_y, B_z) とすると，

$$\boldsymbol{A} = A_x \boldsymbol{e}_x + A_y \boldsymbol{e}_y + A_z \boldsymbol{e}_z, \quad \boldsymbol{B} = B_x \boldsymbol{e}_x + B_y \boldsymbol{e}_y + B_z \boldsymbol{e}_z \tag{3.6}$$

なので，(3.4) と (3.5) より

$$\begin{aligned} \boldsymbol{A} \cdot \boldsymbol{B} &= (A_x \boldsymbol{e}_x + A_y \boldsymbol{e}_y + A_z \boldsymbol{e}_z) \cdot (B_x \boldsymbol{e}_x + B_y \boldsymbol{e}_y + B_z \boldsymbol{e}_z) \\ &= A_x B_x + A_y B_y + A_z B_z \end{aligned} \tag{3.7}$$

となり，内積はベクトル $\boldsymbol{A}, \boldsymbol{B}$ のデカルト座標成分の積の和である．

さて，(3.2) に話を戻そう．上述の内積の定義から，微小な仕事 ΔW はスカラーであり，質点が動く方向の力の成分と質点が動く微小距離の積であることがわかる．力の向きと運動の向きが同じであるとすると，$\boldsymbol{F} \cdot \Delta \boldsymbol{r} = F \Delta r$（力の大きさ × 動いた微小距離）なので，(3.2) は (3.1) の拡張となっている．(3.2) より仕事の単位は N·m となり，これを J と表記しジュールとよぶ．したがって，1 N の力で物体を力の方向に 1 m 動かすと 1 J の仕事をしたことになる．

一方，(3.2) によると，重いバーベルを大きな筋肉の力で支えて静止している重量上げの選手は，力学的には仕事をしていないことになる．バーベルが動いていないからである．あるいは，物体を，その重さに等しい上向きの力を加えて手のひらに乗せながら水平に等速で動かしている人も，力学的には仕事をしていないことになる．加える力の向きと物体の動く向きが垂直であるからだ．

(3.2) は質点が微小変位する間に力 $\boldsymbol{F}$ がする微小な仕事 ΔW であった．では，質点の位置ベクトルが $\boldsymbol{r}_0$ から $\boldsymbol{r}$ まで変化するときに $\boldsymbol{F}$ がする仕事 W はどのように求められるであろうか．図 1.15 のように質点が動く経路を N 個の区間に分割し，図 3.2 のように，$i+1$ 番目の区間ではたらく力を $\boldsymbol{F}_i$，微小変位を $\Delta \boldsymbol{r}_i$ としよう．すると，N が無限大の極限で，仕事 W は無限小の仕事 $\boldsymbol{F}_i \cdot \Delta \boldsymbol{r}_i$ を無限に加えることによって得られる．すなわち，

$$W = \lim_{N \to \infty} \sum_{i=0}^{N-1} \boldsymbol{F}_i \cdot \Delta \boldsymbol{r}_i = \int_{\boldsymbol{r}_0}^{\boldsymbol{r}} \boldsymbol{F} \cdot d\boldsymbol{r} \tag{3.8}$$

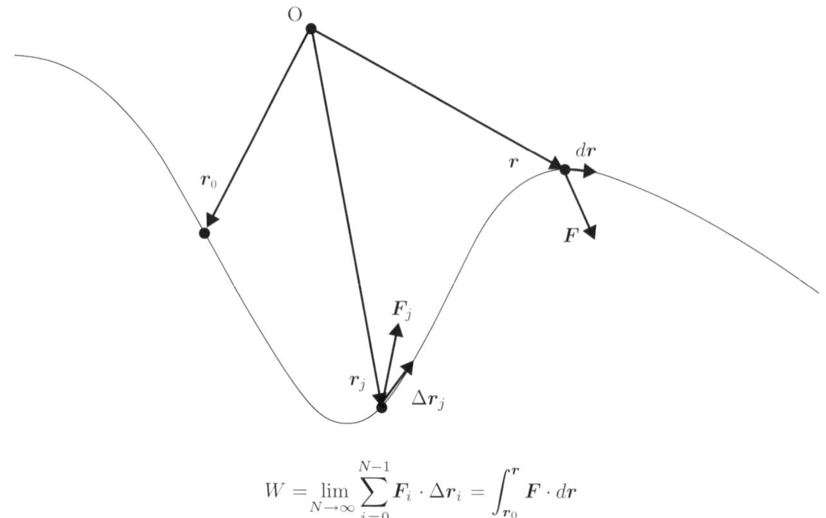

図 3.2　線積分により定義される仕事

と表現できる．これは，質点が動く経路（一般には曲線）に沿っての積分なので**線積分** (line integral) とよばれる．

3.2　運動エネルギー

質点に作用する力が仕事をすると，運動する質点のどのような量が変化するかを考えよう．(3.2) より，質点にはたらく合力 $\boldsymbol{F}$ がする微小な仕事 ΔW は $\boldsymbol{F}$ と微小変位 $\Delta\boldsymbol{r}$ での内積 $\boldsymbol{F}\cdot\Delta\boldsymbol{r}$ である．そして，合力 $\boldsymbol{F}$ は運動方程式 (2.1) の右辺なので，(2.1) の両辺と $\Delta\boldsymbol{r}$ の内積をつくると，

$$m\boldsymbol{a}\cdot\Delta\boldsymbol{r} = \boldsymbol{F}\cdot\Delta\boldsymbol{r} \tag{3.9}$$

となる．合力 $\boldsymbol{F}$ が単位時間あたりにする仕事を求めるために，微小変位する時間を Δt として (3.9) の両辺を Δt で割ると

$$m\boldsymbol{a}\cdot\frac{\Delta\boldsymbol{r}}{\Delta t} = \boldsymbol{F}\cdot\frac{\Delta\boldsymbol{r}}{\Delta t} \tag{3.10}$$

と書ける．ここで，この式の両辺に対し $\Delta t\to 0$ の極限をとると，$\boldsymbol{v}$ を質点の

速度として，$\Delta \boldsymbol{r}/\Delta t \to \boldsymbol{v}$ なので

$$m\boldsymbol{a} \cdot \boldsymbol{v} = \boldsymbol{F} \cdot \boldsymbol{v} \tag{3.11}$$

となる．これは運動方程式 (2.1) と $\boldsymbol{v}$ との内積である．上式の左辺は

$$m\boldsymbol{a}\cdot\boldsymbol{v} = m\frac{d\boldsymbol{v}}{dt}\cdot\boldsymbol{v} = \frac{m}{2}\left(\boldsymbol{v}\cdot\frac{d\boldsymbol{v}}{dt} + \frac{d\boldsymbol{v}}{dt}\cdot\boldsymbol{v}\right) = \frac{m}{2}\frac{d}{dt}\left(\boldsymbol{v}\cdot\boldsymbol{v}\right) = \frac{m}{2}\frac{d}{dt}v^2 \tag{3.12}$$

と変形できるので，

$$\frac{d}{dt}\left(\frac{1}{2}mv^2\right) = \boldsymbol{F} \cdot \boldsymbol{v} \tag{3.13}$$

が成立する．ここで

$$K \equiv \frac{1}{2}mv^2 \tag{3.14}$$

と定義すると，(3.13) は

$$\frac{d}{dt}K = \boldsymbol{F} \cdot \boldsymbol{v} \tag{3.15}$$

と書ける．K は質点の運動によって生じる物理量（スカラー）であり，**運動エネルギー**とよばれる．

さて，(3.15) の両辺を時刻 0 から t まで時間 t で積分すると

$$\int_0^t \frac{d}{dt}K\,dt = \int_0^t \boldsymbol{F} \cdot \boldsymbol{v}\,dt \tag{3.16}$$

であるが，左辺は

$$\int_0^t \frac{d}{dt}K\,dt = K(t) - K(0) \tag{3.17}$$

と書ける．右辺の積分は

$$\int_0^t \boldsymbol{F} \cdot \boldsymbol{v}\,dt$$

であるが，$\boldsymbol{v} = d\boldsymbol{r}/dt$ であることを思い出せば，$\boldsymbol{F}\cdot\boldsymbol{v}\,dt = \boldsymbol{F}\cdot(d\boldsymbol{r}/dt)\,dt = \boldsymbol{F}\cdot d\boldsymbol{r}$ なので

$$\int_0^t \boldsymbol{F} \cdot \boldsymbol{v}\,dt = \int_{\boldsymbol{r}_0}^{\boldsymbol{r}} \boldsymbol{F} \cdot d\boldsymbol{r} \tag{3.18}$$

と書ける．ここで，$\boldsymbol{r}_0, \boldsymbol{r}$ はそれぞれ時刻 $0, t$ における質点の位置ベクトルであ

る（$\boldsymbol{r}_0 = \boldsymbol{r}(0), \boldsymbol{r} = \boldsymbol{r}(t)$）.

したがって，(3.16) は，

$$K(t) - K(0) = \int_{\boldsymbol{r}_0}^{\boldsymbol{r}} \boldsymbol{F} \cdot d\boldsymbol{r} \tag{3.19}$$

となる．(3.19) の右辺は (3.8) によって定義される仕事 W なので

$$K(t) - K(0) = W \tag{3.20}$$

であることがわかる．すなわち，運動エネルギーの増加はその時間内に合力がした仕事に等しい．

例題 3.1

質量 1 kg の質点が水平面上をはじめ秒速 2 m で運動していたが，時間が経つにつれて減速し，やがて静止した．この間に摩擦力や空気抵抗力などの合力が質点にした仕事を求めよ．

解答

摩擦力や空気抵抗力などの合力が質点にした仕事 W は，(3.20) より

$$W = 0 - \frac{1}{2} \cdot 1 \cdot 2^2 \, \mathrm{J} = -2 \, \mathrm{J}$$

である．■

3.3　保存力とポテンシャルエネルギー

線積分 (3.8) で与えられる仕事 W は一般には運動の経路に依存する．しかしながら，ある種の力がする仕事は経路に依存せず，経路の始点と終点だけで決まることが知られている．

そのような力 $\boldsymbol{F}$ は位置 $\boldsymbol{r}$ を指定すると決まる量でなければならない．それを力の場 (field) とよび，$\boldsymbol{F} = \boldsymbol{F}(\boldsymbol{r})$ と書く．力はベクトルなので $\boldsymbol{F}(\boldsymbol{r})$ はベクトル場である．ちなみに，温度等の量はスカラーなので，それらの場はスカラー場である．

力（の場）の中で次の条件を満たすものを**保存力** (conservative force) とよぶ.

$$W = \int_{\boldsymbol{r}_0}^{\boldsymbol{r}} \boldsymbol{F}(\boldsymbol{r}) \cdot d\boldsymbol{r} = \text{（始点）と（終点）だけの関数} \tag{3.21}$$

ここで，$\boldsymbol{r}_0$ と $\boldsymbol{r}$ は始点と終点の位置ベクトルである．後で説明されるように，重力やバネが及ぼす力は保存力である．

さて，$\boldsymbol{F}(\boldsymbol{r})$ が保存力であるとすると，図 3.3 に示されたような始点と終点を結ぶ任意の二つの積分経路 I とⅡに沿う線積分が同じ値をとるので，経路Ⅱを逆にたどる経路を Ⅱ′ とすると，

$$\int_{\mathrm{I}} \boldsymbol{F}(\boldsymbol{r}) \cdot d\boldsymbol{r} = \int_{\mathrm{II}} \boldsymbol{F}(\boldsymbol{r}) \cdot d\boldsymbol{r} = -\int_{\mathrm{II}} \boldsymbol{F}(\boldsymbol{r}) \cdot (-d\boldsymbol{r}) = -\int_{\mathrm{II}'} \boldsymbol{F}(\boldsymbol{r}) \cdot d\boldsymbol{r} \tag{3.22}$$

と書ける．ここで，積分経路 I と Ⅱ′ をつなぐ閉曲線 C についての線積分（周回積分）を $\oint_{\mathrm{C}}$ で表すと，

$$\int_{\mathrm{I}} \boldsymbol{F}(\boldsymbol{r}) \cdot d\boldsymbol{r} + \int_{\mathrm{II}'} \boldsymbol{F}(\boldsymbol{r}) \cdot d\boldsymbol{r} = \oint_{\mathrm{C}} \boldsymbol{F}(\boldsymbol{r}) \cdot d\boldsymbol{r} \tag{3.23}$$

なので，保存力の定義式 (3.21) は，(3.22) より

$$\oint_{\mathrm{C}} \boldsymbol{F}(\boldsymbol{r}) \cdot d\boldsymbol{r} = 0 \tag{3.24}$$

と同値である．始点，終点，そして積分経路 I とⅡは任意なので，(3.24) の左辺で C は任意の閉曲線である．

質点が位置 $\boldsymbol{r}_0$ から $\boldsymbol{r}$ まで動く間に保存力 $\boldsymbol{F}$ のなす仕事 W は，その経路に依存しないので，位置ベクトル $\boldsymbol{r}_1$ の定点 P を通る経路を選ぶと

$$\begin{aligned} W &= \int_{\boldsymbol{r}_0}^{\boldsymbol{r}} \boldsymbol{F}(\boldsymbol{r}) \cdot d\boldsymbol{r} = \int_{\boldsymbol{r}_0}^{\boldsymbol{r}_1} \boldsymbol{F}(\boldsymbol{r}) \cdot d\boldsymbol{r} + \int_{\boldsymbol{r}_1}^{\boldsymbol{r}} \boldsymbol{F}(\boldsymbol{r}) \cdot d\boldsymbol{r} \\ &= -\int_{\boldsymbol{r}_1}^{\boldsymbol{r}_0} \boldsymbol{F}(\boldsymbol{r}) \cdot d\boldsymbol{r} + \int_{\boldsymbol{r}_1}^{\boldsymbol{r}} \boldsymbol{F}(\boldsymbol{r}) \cdot d\boldsymbol{r} \end{aligned} \tag{3.25}$$

と変形できる．ここで，スカラー場 ϕ（ファイ）を

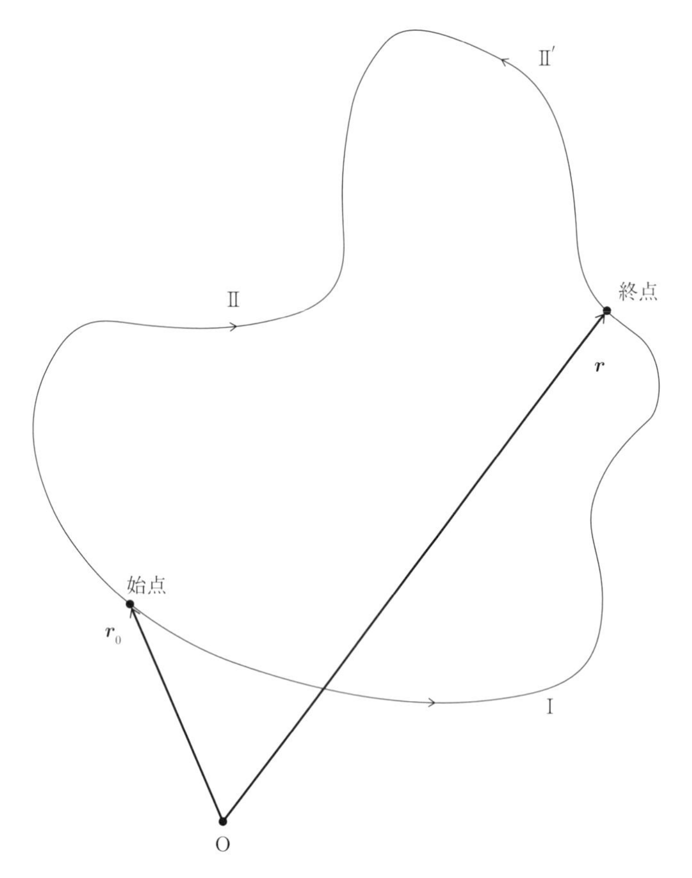

図 3.3　積分経路

$$\phi(\boldsymbol{r}) \equiv -\int_{\boldsymbol{r}_1}^{\boldsymbol{r}} \boldsymbol{F}(\boldsymbol{r}) \cdot d\boldsymbol{r} \tag{3.26}$$

と定義すると，これは位置 $\boldsymbol{r}$ の関数である．負の符号は，すぐ下で述べるようにこの関数をエネルギーと解釈するためにつけてある．(3.25) はこの関数 $\phi(\boldsymbol{r})$ を用いて

$$W = \int_{\boldsymbol{r}_0}^{\boldsymbol{r}} \boldsymbol{F}(\boldsymbol{r}) \cdot d\boldsymbol{r} = -(\phi(\boldsymbol{r}) - \phi(\boldsymbol{r}_0)) \tag{3.27}$$

と表すことができる．そこで ϕ を**ポテンシャルエネルギー** (potential energy), あるいは**位置エネルギー**とよぶ．(3.27) は，保存力が仕事をすると，その分だけポテンシャルエネルギーが減少することを意味している．$W > 0$ なら $\phi(\boldsymbol{r}) < \phi(\boldsymbol{r}_0)$ と結論されるからである．

なお，(3.26) では積分の下限を $\boldsymbol{r}_1$ としているので $\phi(\boldsymbol{r}_1) = 0$ となる．しかし，他の定点 $\boldsymbol{r}_2$ を選んでも同様の議論ができ，その場合のポテンシャルエネルギー $\varPhi$（大文字のファイ）は

$$\varPhi(\boldsymbol{r}) \equiv -\int_{\boldsymbol{r}_2}^{\boldsymbol{r}} \boldsymbol{F}(\boldsymbol{r})\cdot d\boldsymbol{r} = -\int_{\boldsymbol{r}_2}^{\boldsymbol{r}_1} \boldsymbol{F}(\boldsymbol{r})\cdot d\boldsymbol{r} - \int_{\boldsymbol{r}_1}^{\boldsymbol{r}} \boldsymbol{F}(\boldsymbol{r})\cdot d\boldsymbol{r} = \phi(\boldsymbol{r}) + C \tag{3.28}$$

となる（$C = -\int_{\boldsymbol{r}_2}^{\boldsymbol{r}_1} \boldsymbol{F}(\boldsymbol{r}) \cdot d\boldsymbol{r}$ は定数）．よって，ポテンシャルエネルギーには定数分の不定性があることがわかる．

ここで，地表付近の重力が保存力であることを示そう．質点の質量を m，重力加速度を $\boldsymbol{g}$，地上からの（鉛直上向きを正とする）高さを z とすると，地表付近の重力 $\boldsymbol{F}(\boldsymbol{r})$ は，鉛直上向きの単位ベクトルを $\boldsymbol{e}_z$ として

$$\boldsymbol{F}(\boldsymbol{r}) = m\boldsymbol{g} = -mg\boldsymbol{e}_z \tag{3.29}$$

と表すことができる．位置ベクトル $\boldsymbol{r}$ の成分を (x, y, z) とすると $d\boldsymbol{r}$ の成分は (dx, dy, dz) と書ける．その結果，

$$\boldsymbol{F}(\boldsymbol{r}) \cdot d\boldsymbol{r} = -mg\boldsymbol{e}_z \cdot d\boldsymbol{r} = -mg\,(0, 0, 1) \cdot (dx, dy, dz) = -mg\,dz \tag{3.30}$$

となるので，$\boldsymbol{r}_0 = (x_0, y_0, z_0)$ から $\boldsymbol{r}$ まで移動する間に重力のなす仕事 W は

$$\int_{\boldsymbol{r}_0}^{\boldsymbol{r}} \boldsymbol{F}(\boldsymbol{r}) \cdot d\boldsymbol{r} = -mg \int_{z_0}^{z} dz = -mg\,(z - z_0) \tag{3.31}$$

と計算でき，終点と始点の z 座標（高さ）だけで決まる．したがって，地表付近の重力は保存力である．そのポテンシャルエネルギー ϕ は，基準点 $\boldsymbol{r}_1$ を原点に選ぶと $\phi(0, 0, 0) = 0$ だから，(3.26) より

$$\phi = mgz \tag{3.32}$$

であることがわかる．

例題 3.2

(1) C を定数として $\boldsymbol{F} = -C\boldsymbol{r}/r^3$ で与えられる力 $\boldsymbol{F}$ は保存力であることを示し，無限遠を基準とするそのポテンシャルエネルギーを求めよ．ただし，$r = |\boldsymbol{r}|$ である．

(2) 水平面上を動く質点にはたらく摩擦力は保存力であるか，考察せよ．

解答

(1) $\boldsymbol{F}$ のなす仕事 W は，

$$\boldsymbol{r}\cdot d\boldsymbol{r} = \frac{1}{2}(\boldsymbol{r}\cdot d\boldsymbol{r} + d\boldsymbol{r}\cdot\boldsymbol{r}) = \frac{1}{2}d(\boldsymbol{r}\cdot\boldsymbol{r}) = \frac{1}{2}dr^2 = r\,dr$$

なので，

$$\begin{aligned} W &= \int_{\boldsymbol{r}_0}^{\boldsymbol{r}} \boldsymbol{F}(\boldsymbol{r})\cdot d\boldsymbol{r} = -C\int_{\boldsymbol{r}_0}^{\boldsymbol{r}} \frac{\boldsymbol{r}}{r^3}\cdot d\boldsymbol{r} \\ &= -C\int_{r_0}^{r} \frac{1}{r^2}dr = -C\left(-\frac{1}{r} + \frac{1}{r_0}\right) \end{aligned}$$

と計算できる．これは始点と終点だけに依存する．したがって，$\boldsymbol{F}$ は保存力であり，そのポテンシャルエネルギーは，無限遠を基準点とすると $-C/r$ である．

(2) 動く場合の摩擦力は一定（第5章5.1.3項参照）なので，経路が長いと大きい（負の）仕事をする．したがって，摩擦力がする仕事は経路によって一般に変化し，(3.21) が成立しないので，摩擦力は保存力でない．　■

3.4　力学的エネルギー

3.2節では合力が仕事をすると，質点の運動エネルギー K が増加すること学んだ．そして3.3節では保存力が仕事をすると，ポテンシャルエネルギー ϕ が減少することを理解した．では，保存力だけが仕事をする場合，運動エネルギー K とポテンシャルエネルギー ϕ の和は増加するだろうか，あるいは減少するだろうか？

保存力だけが作用している場合，そのなす仕事に対して (3.20) と (3.27) がともに成り立つ．したがって，時刻 t_0, t_1 に質点の位置がそれぞれ $\boldsymbol{r}_0, \boldsymbol{r}$ であるとして，(3.20) の左辺と (3.27) の右辺は等しい．この関係を書き換えると

$$K(t) + \phi(\boldsymbol{r}) = K(t_0) + \phi(\boldsymbol{r}_0) \tag{3.33}$$

となる．すなわち，K と ϕ の和は増加も減少もせず，

$$\frac{1}{2}mv^2 + \phi = 一定 \tag{3.34}$$

である．この左辺（運動エネルギーとポテンシャルエネルギーの和）を**力学的エネルギー** (mechanical energy) とよぶ．

第 2 章の 2.2 節で説明したように，時間的に変化しない物理量を保存量とよぶ．そして，保存量が存在する法則を保存則という．したがって，(3.34) は**力学的エネルギー保存則**とよばれる．

質点に保存力だけが作用して質点が運動しているとき，質点がその位置を変えることによってポテンシャルエネルギーが増える（減る）とその分だけ運動エネルギーが減る（増える）ことを (3.34) は意味している．なお，保存力でない別の力が作用していてもその力が仕事をしない場合，やはり (3.34) が成り立つので，力学的エネルギーは保存する．

例題 3.3

地表付近で高さ h から静かに質点を落下させた場合，その質点が地面に衝突する直前の速さを求めよ．ただし，重力加速度の大きさを g とし，質点には重力だけがはたらき，空気抵抗などの力は無視できるとする．

解答

質点の質量を m，質点が地面に衝突する直前の速さを v とすると，高さ h での質点の速さは 0 なので，力学的エネルギー保存則 (3.34) と，(3.32) で与えられるポテンシャルエネルギー ϕ より

$$\frac{1}{2}mv^2 + mg \cdot 0 = \frac{1}{2}m \cdot 0^2 + mgh$$

が成り立つ．この結果，

$$v = \sqrt{2gh}$$

と求まる．■

コラム：エネルギー保存則

摩擦力や空気抵抗力は保存力ではないので，それらのポテンシャルエネルギーは存在しない．したがって，合力にそれらが含まれるときは，力学的エネルギーは保存しない．しかしながら，それらがかかわることよって運動エネルギーの一部が熱エネルギー（正確には内部エネルギー）や気流の運動エネルギーに変換されるので，それらもエネルギーに含めることで，エネルギーは保存する．

エネルギーの保存を一般的に証明することはできないが，電気や磁気のエネルギー，あるいは電磁波のもつエネルギー，さらには質量のもつエネルギーなどを考慮することで，これまでに知られている物理現象ではエネルギーが保存する．これらの種々のエネルギーは形態が異なるだけで相互に変換できる．将来，これまでの理論に収まらない現象が見つかっても，新しいエネルギーを適切に定義することでエネルギーは保存すると考えられる．

現象が起きる前後ですべてのエネルギーの和は保存する．これがエネルギー保存則である．我々の宇宙にはそのような保存量がなぜか存在し，それをエネルギーとよんでいるともいえるが，不思議なことにすべての現象はこの法則に従うのである．

章末問題

3.1　地表付近において，質量 m の質点が高さ h の位置から地上まで斜面を滑り落ちる場合，重力がする仕事を求めよ．ただし，重力加速度の大きさを g とする．

3.2 $\boldsymbol{r}$ を位置ベクトルとして，$\boldsymbol{F}(\boldsymbol{r}) = f(r)\boldsymbol{r}/r$ で与えられる力 $\boldsymbol{F}(\boldsymbol{r})$ は保存力であることを示し，そのポテンシャルエネルギーを求めよ．ただし，$f(r)$ は力の次元をもつ，$r = |\boldsymbol{r}|$ の任意関数である．

3.3 高さ $10\,\mathrm{m}$ の位置から速さ $5\,\mathrm{m/s}$ で投げられた質点が，地面に落下する直前の速さを求めよ．ただし，質点には重力だけがはたらき，重力加速度の大きさ g を $9.8\,\mathrm{m/s^2}$ とする．

第4章 角運動量

本章では，**角運動量** (angular momentum) という物理量を考察する．角運動量も状況によっては保存量になることがあり，その場合は回転運動などを理解するための鍵となる．

4.1 角運動量

角運動量 $\boldsymbol{L}$ は，位置ベクトル $\boldsymbol{r}$ と運動量 $\boldsymbol{p}$ の**外積** (outer product, exterior product)，あるいは**ベクトル積** (vector product) とよばれる演算によって次のように定義される．

$$\boldsymbol{L} = \boldsymbol{r} \times \boldsymbol{p} \tag{4.1}$$

ベクトルの外積

外積は二つのベクトルから一つのベクトルをつくる演算である．その二つのベクトルを $\boldsymbol{A}, \boldsymbol{B}$ とすると，外積を $\boldsymbol{A} \times \boldsymbol{B}$ と書く．

まず，外積 $\boldsymbol{A} \times \boldsymbol{B}$ の大きさ $|\boldsymbol{A} \times \boldsymbol{B}|$ は，ベクトル $\boldsymbol{A}, \boldsymbol{B}$ のなす小さい方の角（$0°$ から $180°$ までの範囲）を図 4.1 のように θ とすると，

$$|\boldsymbol{A} \times \boldsymbol{B}| = AB \sin\theta \tag{4.2}$$

と定義される．この値は，図 4.1 に示されているように，$\boldsymbol{A}$ と $\boldsymbol{B}$ のつくる平行四辺形の面積に等しい．この定義から，平行なベクトルの外積は，$\theta = 0°$ か $\theta = 180°$ なので，0 となることがいえる．逆に，外積が 0 となる大きさが 0 でない二つのベクトルは平行である．

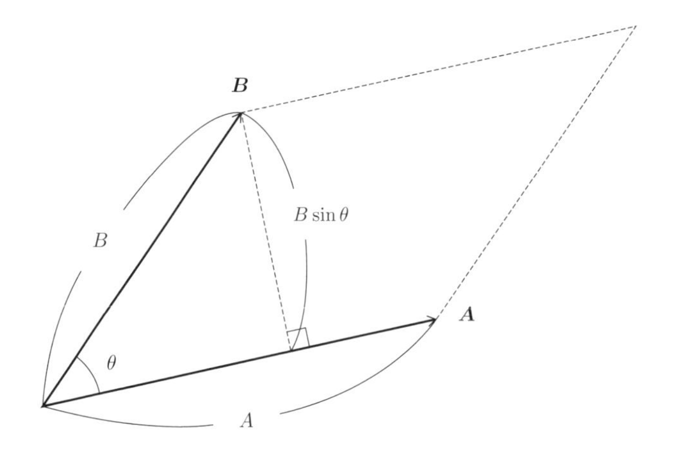

$|\boldsymbol{A}\times\boldsymbol{B}| = AB\sin\theta$

図 4.1　ベクトルの外積

次に外積 $\boldsymbol{A}\times\boldsymbol{B}$ の向きを定義する．まず，$\boldsymbol{A}$ と $\boldsymbol{B}$ の始点を合わせた点に，$\boldsymbol{A}$ と $\boldsymbol{B}$ のつくる平面に垂直に右ネジを置く．右ネジとは，回転の向きと進む向きの関係がペットボトルの栓の場合と同じ（ボトル本体の方を回転する場合でも同じ）であるようなネジである．そして，その右ネジを，$\boldsymbol{A}$ の向きから $\boldsymbol{B}$ の向きに（180° 未満となるよう）回す．そのとき，その右ネジが進む向きを外積 $\boldsymbol{A}\times\boldsymbol{B}$ の向きとする．したがって，外積 $\boldsymbol{A}\times\boldsymbol{B}$ は $\boldsymbol{A}$ と $\boldsymbol{B}$ の両方に垂直である．図 4.1 の場合，$\boldsymbol{A}\times\boldsymbol{B}$ は紙面に垂直で紙面の裏から表に向くベクトルとなる．

この外積の定義から，

$$\boldsymbol{A}\times\boldsymbol{B} = -\boldsymbol{B}\times\boldsymbol{A} \tag{4.3}$$

となり，外積の符号は積の順序を変えると変わる．

外積についても，任意のスカラーを c として，

$$\begin{aligned}(c\boldsymbol{A})\times\boldsymbol{B} &= \boldsymbol{A}\times(c\boldsymbol{B}) = c\,(\boldsymbol{A}\times\boldsymbol{B}),\\ \boldsymbol{A}\times(\boldsymbol{B}+\boldsymbol{C}) &= \boldsymbol{A}\times\boldsymbol{B}+\boldsymbol{A}\times\boldsymbol{C}\end{aligned} \tag{4.4}$$

が成り立つ.

また，デカルト座標の単位ベクトル同士の外積は，定義より

$$\boldsymbol{e}_x \times \boldsymbol{e}_x = \boldsymbol{e}_y \times \boldsymbol{e}_y = \boldsymbol{e}_z \times \boldsymbol{e}_z = 0,$$
$$\boldsymbol{e}_x \times \boldsymbol{e}_y = \boldsymbol{e}_z, \quad \boldsymbol{e}_y \times \boldsymbol{e}_z = \boldsymbol{e}_x, \quad \boldsymbol{e}_z \times \boldsymbol{e}_x = \boldsymbol{e}_y \tag{4.5}$$

である．したがって，ベクトル $\boldsymbol{A}, \boldsymbol{B}$ の x, y, z 成分をそれぞれ (A_x, A_y, A_z), (B_x, B_y, B_z) とすると，(4.3)，(4.4)，(4.5) より

$$\begin{aligned}\boldsymbol{A} \times \boldsymbol{B} &= (A_x\boldsymbol{e}_x + A_y\boldsymbol{e}_y + A_z\boldsymbol{e}_z) \times (B_x\boldsymbol{e}_x + B_y\boldsymbol{e}_y + B_z\boldsymbol{e}_z) \\ &= (A_yB_z - A_zB_y)\boldsymbol{e}_x + (A_zB_x - A_xB_z)\boldsymbol{e}_y + (A_xB_y - A_yB_x)\boldsymbol{e}_z\end{aligned} \tag{4.6}$$

となり，外積をベクトル $\boldsymbol{A}, \boldsymbol{B}$ の座標成分によって表現できる.

さて，(4.1) に戻ろう．この外積によって定義された角運動量 $\boldsymbol{L}$ は，図 4.2 のように位置ベクトル $\boldsymbol{r}$ と運動量 $\boldsymbol{p}$ の両方に垂直なベクトルである．また，位置

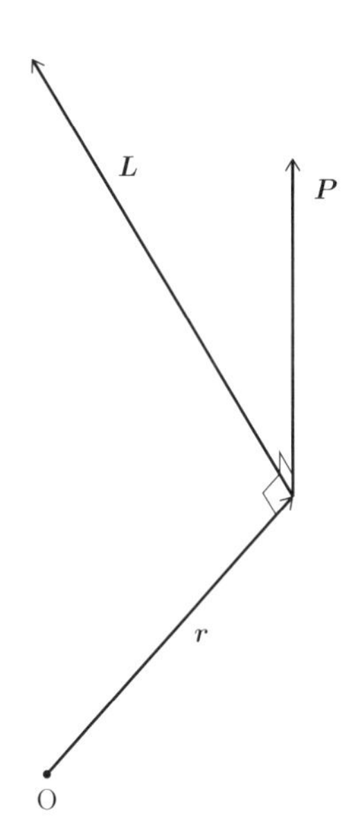

図 4.2 角運動量

ベクトル $\boldsymbol{r}$ は原点 O を指定して定義される量なので，角運動量 $\boldsymbol{L}$ もその原点 O のまわりで定義される量である．つまり，角運動量は原点の選び方に依存する．例えば，質点が直線運動している場合，軌道上に原点をとれば角運動量は 0 であるが，軌道上に原点をとらない場合は一般に角運動量をもつ．角運動量は運動量より理解しにくいので，角運動量を直感的にイメージするため，4.3 節で平面上（2 次元）を運動する質点の角運動量を考える．

例題 4.1

原点 O から距離 l だけ離れた直線上を質量 m の質点が速さ v で運動しているとき，原点のまわりの角運動量の大きさを求めよ．

解答

図 4.3 のように速度 $\boldsymbol{v}$ と位置ベクトル $\boldsymbol{r}$ のなす角を θ とすると，$|\boldsymbol{r}|\sin\theta = l$ なので，角運動量の大きさは mlv と求まる． ■

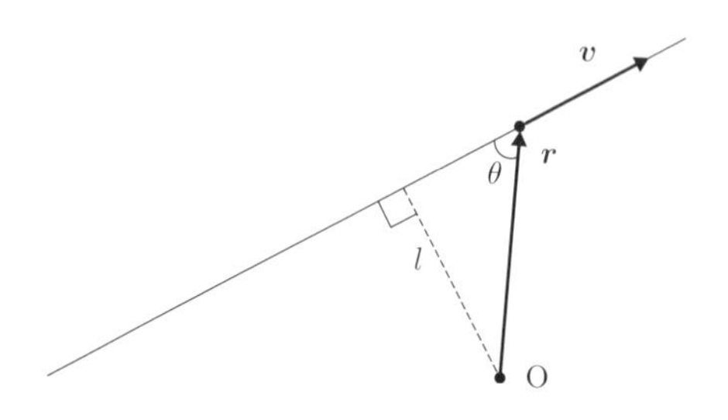

図 4.3　等速直線運動する質点の角運動量

4.2　2 次元極座標

本節では，次節の準備として 2 次元極座標とよばれる座標を導入しよう．なお，第 1 章の例題 1.2 と例題 1.4 では円運動をデカルト座標で考えたが，2 次元極座標を用いるとより簡単に表現することができる．

図 4.4 が 2 次元極座標で，一平面の外に出ない平面上の運動を記述するとき

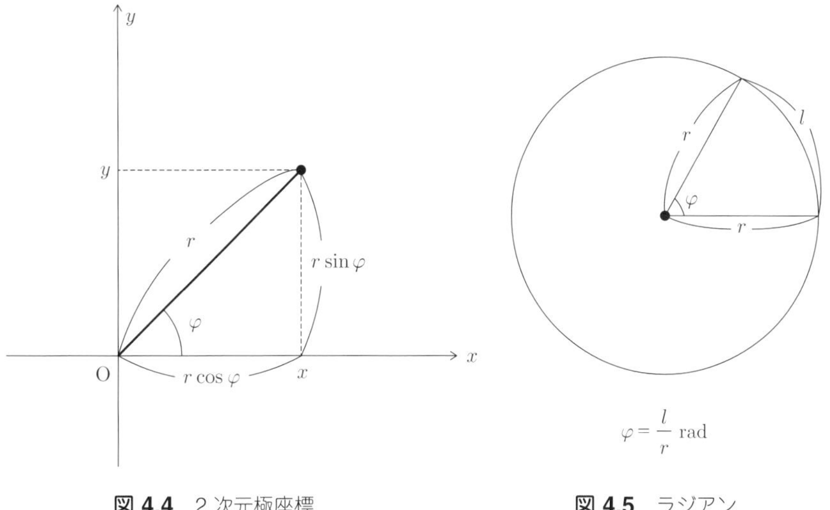

図 4.4 2次元極座標

図 4.5 ラジアン

に便利な座標である．デカルト座標の原点から質点を結んだ線分の長さ r と，その線分が x 軸となす角 φ（ファイ，ϕ の別字体）の組み合わせ (r, φ) を座標として，点の位置を指定する．r を動径，φ を偏角という．なお，力学では角度を表示する場合，度 [°] でなくラジアン [rad] を用いる場合が多い．前者を度数法，後者を弧度法という．rad を用いた角度は，図 4.5 に示されているように，その角度 φ で切り取られる半径 r の円弧の長さ l を用いて

$$\varphi = \frac{l}{r} \tag{4.7}$$

によって定義される．360° の場合は円弧が円周となり $l = 2\pi r$ なので，360° は 2π rad である．(4.7) より rad は無次元の単位であるが，弧度法の角度であることを明示するために用いられる．

デカルト座標と2次元極座標の関係は，図 4.4 より三角関数（付録 A.1 参照）を用いて

$$x = r\cos\varphi, \quad y = r\sin\varphi \tag{4.8}$$

と表すことができる．

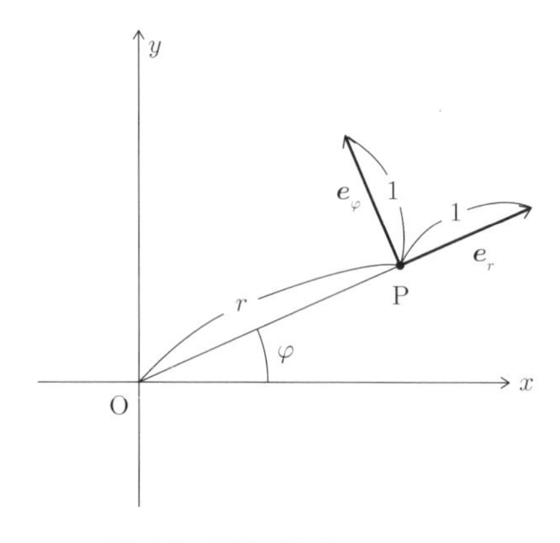

図 4.6　単位ベクトル $\boldsymbol{e}_r$，$\boldsymbol{e}_\varphi$

また，2次元極座標では，図4.6のように，r と φ 方向の単位ベクトルをそれぞれ $\boldsymbol{e}_r, \boldsymbol{e}_\varphi$ とすると，位置ベクトル $\boldsymbol{r}$ は，

$$\boldsymbol{r} = r\boldsymbol{e}_r \tag{4.9}$$

と $\boldsymbol{e}_r$ だけで表現できる．$\boldsymbol{e}_\varphi$ の向きは φ が増加する向きである．ここで，$\boldsymbol{e}_r$ と $\boldsymbol{e}_\varphi$ は，$\boldsymbol{e}_x, \boldsymbol{e}_y$ と異なり，一般には注目する点の位置が変わると向きが変化する単位ベクトルであることに注意しよう．したがって，$\boldsymbol{e}_x$ と $\boldsymbol{e}_y$ の時間微分はゼロであるが，$\boldsymbol{e}_r$ と $\boldsymbol{e}_\varphi$ の時間微分は一般にゼロとは限らない．

なお，2次元極座標の $\boldsymbol{e}_r$ と $\boldsymbol{e}_\varphi$ は，図4.6より，デカルト座標の単位ベクトル $\boldsymbol{e}_x, \boldsymbol{e}_y$ を用いて，

$$\boldsymbol{e}_r = (\cos\varphi)\,\boldsymbol{e}_x + (\sin\varphi)\,\boldsymbol{e}_y \tag{4.10}$$

$$\boldsymbol{e}_\varphi = -(\sin\varphi)\,\boldsymbol{e}_x + (\cos\varphi)\,\boldsymbol{e}_y \tag{4.11}$$

と表すことができる．

さて，位置ベクトル $\boldsymbol{r}$ を時間で微分すると速度ベクトル $\boldsymbol{v}$ となるので，(4.9) より

$$\boldsymbol{v} = \frac{d\boldsymbol{r}}{dt} = \frac{dr}{dt}\boldsymbol{e}_r + r\frac{d\boldsymbol{e}_r}{dt} \tag{4.12}$$

となる．ここで，(4.10) より

$$\frac{d\boldsymbol{e}_r}{dt} = (-\sin\varphi\,\boldsymbol{e}_x + \cos\varphi\,\boldsymbol{e}_y)\,\frac{d\varphi}{dt} = \frac{d\varphi}{dt}\boldsymbol{e}_\varphi \tag{4.13}$$

なので,

$$\boldsymbol{v} = \frac{dr}{dt}\boldsymbol{e}_r + r\frac{d\varphi}{dt}\boldsymbol{e}_\varphi \tag{4.14}$$

という速度の2次元極座標表示が得られる．次に加速度を求めよう．(4.14)を時間で微分すると，加速度 $\boldsymbol{a}$ は

$$\boldsymbol{a} = \frac{d\boldsymbol{v}}{dt} = \frac{d^2r}{dt^2}\boldsymbol{e}_r + \frac{dr}{dt}\frac{d\boldsymbol{e}_r}{dt} + \left(\frac{dr}{dt}\frac{d\varphi}{dt} + r\frac{d^2\varphi}{dt^2}\right)\boldsymbol{e}_\varphi + r\frac{d\varphi}{dt}\frac{d\boldsymbol{e}_\varphi}{dt} \tag{4.15}$$

と計算できる．ここで(4.11)より

$$\frac{d\boldsymbol{e}_\varphi}{dt} = (-\cos\varphi\,\boldsymbol{e}_x - \sin\varphi\,\boldsymbol{e}_y)\,\frac{d\varphi}{dt} = -\frac{d\varphi}{dt}\boldsymbol{e}_r \tag{4.16}$$

なので，(4.13)，(4.15)，(4.16)より，

$$\boldsymbol{a} = \left(\frac{d^2r}{dt^2} - r\left(\frac{d\varphi}{dt}\right)^2\right)\boldsymbol{e}_r + \left(2\frac{dr}{dt}\frac{d\varphi}{dt} + r\frac{d^2\varphi}{dt^2}\right)\boldsymbol{e}_\varphi \tag{4.17}$$

という加速度の2次元極座標表示を得る．

本節では2次元空間を想定したが，3次元空間では3次元極座標や，円筒座標とよばれる座標系が有効な場合もある．

等速円運動

例として，質量 m の質点が半径 r の円周上を一定の速さ v で反時計まわりに運動する等速円運動を考える．

まず，速度を求めよう．2次元極座標を用いると，(4.14)において $dr/dt = 0$ なので，

$$\boldsymbol{v} = r\,\frac{d\varphi}{dt}\boldsymbol{e}_\varphi = v\boldsymbol{e}_\varphi \tag{4.18}$$

と書け，速度は $\boldsymbol{e}_\varphi$ の向きの大きさ $v = r\,d\varphi/dt$ のベクトルである．すなわち，速度は円周上の質点が位置する点における円の接線上質点が進む向きのベクトルなので，第1章の例題1.2で考察した答えと一致している．

次に加速度を求めよう．$d^2r/dt^2 = 0$，$dr/dt = 0$，および $d^2\varphi/dt^2 = 0$ なので，(4.17) より

$$\boldsymbol{a} = -r\left(\frac{d\varphi}{dt}\right)^2 \boldsymbol{e}_r = -\frac{v^2}{r}\boldsymbol{e}_r \tag{4.19}$$

となる．すなわち，加速度は r 方向で円の中心に向かう大きさ v^2/r のベクトルである．速さ v は一定であるが，速度の向きは時々刻々変化するので，等速円運動は加速度運動なのである．加速度の向きは位置ベクトルの向きの逆で，その大きさは v^2/r であるので，これも第1章の例題1.4で考察した答えと一致している．

4.3　平面上を運動する質点の角運動量

本節では，平面運動をする質点の角運動量を求める．そこで図4.7のように，平面上を運動する質量 m の質点が，位置ベクトル $\boldsymbol{r}$ により与えられる位置で速度 $\boldsymbol{v}$（速さ v）をもっているとしよう．

このとき，(4.1) より，$\boldsymbol{L}$ は質点が運動している平面に垂直な方向で，$\boldsymbol{r}$ の向

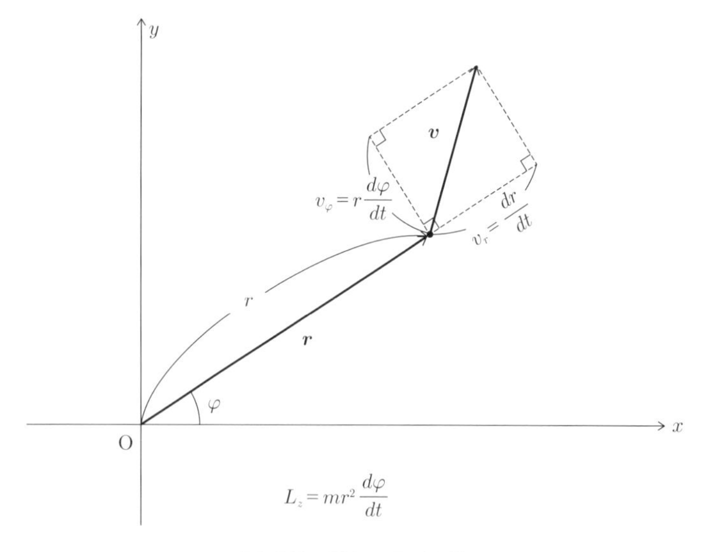

図4.7　質点の平面運動

きから $\boldsymbol{v}$ の向きに（180 度未満となるよう）右ネジをまわした場合にネジが進む向きであった．そしてその大きさ L_z は，$\boldsymbol{v}$ の 2 次元極座標における φ 成分 v_φ が (4.14) より $v_\varphi = r\,d\varphi/dt$ なので

$$L_z = mrv_\varphi = mr^2\frac{d\varphi}{dt} = mr^2\omega \tag{4.20}$$

と計算される．ここで，2 次元極座標 (r, φ) の偏角 φ の時間微分を ω と記した．すなわち，

$$\omega = \frac{d\varphi}{dt} \tag{4.21}$$

である．ω はスカラーであるが，慣習に従って，**角速度** (angular velocity) とよぶ．(4.20) のように，角運動量には速度の 2 次元極座標における r 成分は関与せず，動径に垂直な φ 成分が寄与する．したがって，角運動量は広い意味での回転運動部分を取り出した量なのである．

4.4 角運動量が従う方程式

$\boldsymbol{L}$ の満たす方程式を求めるために，(4.1) の時間微分をとると，運動量 (2.21) に注意して

$$\frac{d\boldsymbol{L}}{dt} = \frac{d\boldsymbol{r}}{dt}\times\boldsymbol{p} + \boldsymbol{r}\times\frac{d\boldsymbol{p}}{dt} = \frac{d\boldsymbol{r}}{dt}\times\left(m\frac{d\boldsymbol{r}}{dt}\right) + \boldsymbol{r}\times\frac{d\boldsymbol{p}}{dt} = \boldsymbol{r}\times\frac{d\boldsymbol{p}}{dt} \tag{4.22}$$

となる．ここで，第 2 等式の右辺第 1 項は平行な二つのベクトルの外積なので 0 であることを用いた．最後の等式の右辺に運動方程式 (2.22) を代入すると，

$$\boldsymbol{r}\times\frac{d\boldsymbol{p}}{dt} = \boldsymbol{r}\times\boldsymbol{F} \tag{4.23}$$

となる．ここで，新たに物理量 $\boldsymbol{N}$ を

$$\boldsymbol{N} \equiv \boldsymbol{r}\times\boldsymbol{F} \tag{4.24}$$

と定義しよう．一般に，ベクトル $\boldsymbol{A}$ に対して $\boldsymbol{r}\times\boldsymbol{A}$ を $\boldsymbol{A}$ の原点のまわりのモーメントとよぶ．したがって，$\boldsymbol{N}$ は**力**（いまの場合は合力 $\boldsymbol{F}$）**の**（原点のまわりの）**モーメント** (moment of force) とよばれる．$\boldsymbol{N}$ は $\boldsymbol{r}$ と $\boldsymbol{F}$ の両方に垂

直なベクトルである．$\boldsymbol{N}$ を用いると，(4.22) は (4.23) より

$$\frac{d\boldsymbol{L}}{dt} = \boldsymbol{N} \tag{4.25}$$

と書ける．これが，角運動量が従う方程式である．(4.25) によれば，合力のモーメント $\boldsymbol{N}$ が 0 の場合，角運動量が保存されることがわかる．

合力 $\boldsymbol{F}$ が 0 の場合は当然そのモーメント $\boldsymbol{N}$ も 0 であるが，そうでなくても，**中心力** (central force) とよばれる力の原点のまわりのモーメントは 0 である．中心力とは，図 4.8 のように，原点 O と質点を結ぶ線の方向にはたらく力 $\boldsymbol{f}(\boldsymbol{r})$ である．これは位置ベクトル方向の力なので，その大きさを $f(\boldsymbol{r})$ とすれば

$$\boldsymbol{f}(\boldsymbol{r}) = f(\boldsymbol{r})\frac{\boldsymbol{r}}{r} \tag{4.26}$$

と表すことができる．したがって，力のモーメント $\boldsymbol{N}$ は

$$\boldsymbol{N} = \boldsymbol{r} \times \boldsymbol{f}\left(\boldsymbol{r}\right) = \boldsymbol{r} \times f\left(\boldsymbol{r}\right)\frac{\boldsymbol{r}}{r} = 0 \tag{4.27}$$

となるのである．この結果，中心力のみがはたらく質点の運動において，その原点のまわりの角運動量は保存することがわかる．また，中心力のみを受けて運動する質点は，平面上を運動する．なぜなら，微小時間を考えると，質点は速度ベクトルの向きに動き，そして速度の変化を表す運動方程式の右辺の力が

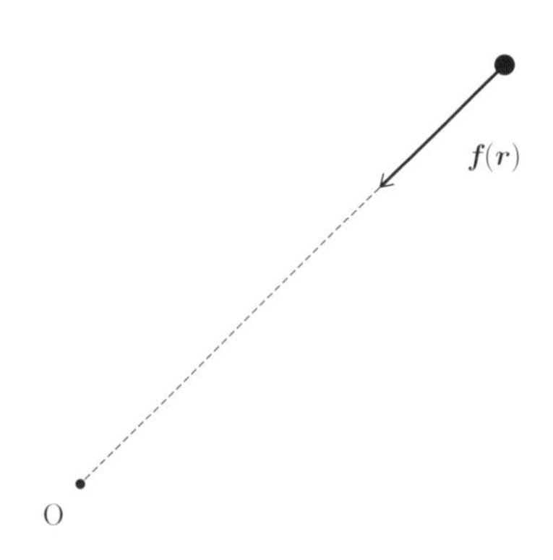

図 4.8　中心力

(4.26) によって与えられるとき，速度は位置ベクトルの方向に変化するからである．質点は位置ベクトルと速度ベクトルのなす平面上を運動し，その平面に垂直な方向に一定の角運動量をもつのである．

例題 4.2

図 4.9 のように，水平な x-y 面上の原点 O に穴が開いていて，そこから出た長さ r の糸に結ばれた質量 m の質点が水平面上を速さ v で等速円運動している．糸はたるまず，摩擦や空気抵抗などの力ははたらかないとして以下の問題に答えよ．

(1) 質点の角運動量が保存することを示せ．

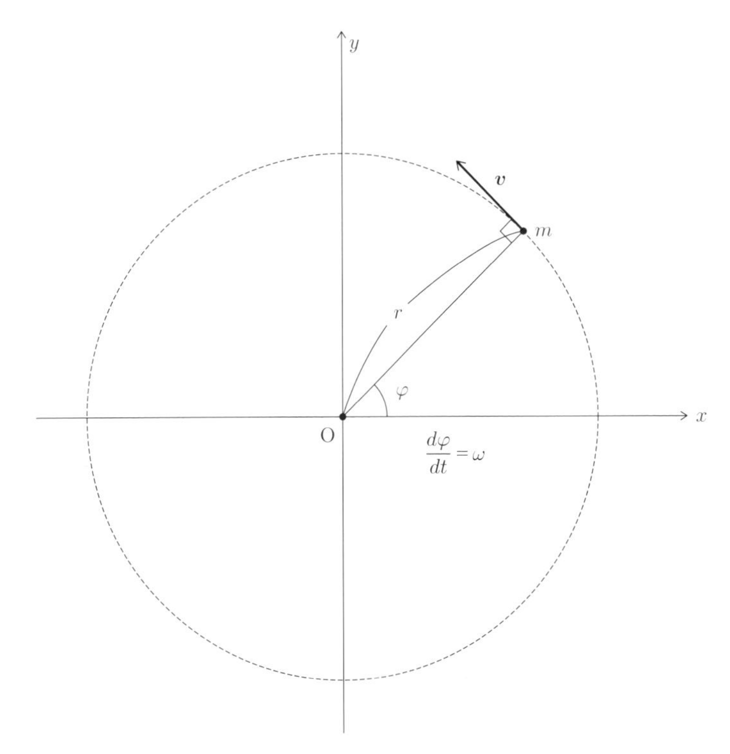

図 4.9 糸に結ばれた質点の円運動

(2) 原点の穴の下から糸を引いて少しずつ糸の長さを短くし，最終的に糸の長さをもとの半分にした場合，質点の角速度 ω はもとの何倍になるか．

(3) (2) の場合，質点の運動エネルギー K はもとの何倍になるか．

(4) 質点は円運動していて質点にはたらく張力は速度に垂直なので，質点の運動エネルギーは保存しそうであるが，(3) で見たように，そうならないのはなぜか．

解答

(1) 質点にはたらく力は糸の張力のみであるが，張力は位置ベクトル $\boldsymbol{r}$ と平行なので力のモーメントが 0 となり，(4.25) より角運動量は保存する．質点に結ばれた糸の張力は中心力である．

(2) 上記 (1) と (4.20) より，r が変化しても $mr^2\omega$ が一定なので，r が半分になると角速度 ω は 4 倍になる．

(3) $v = r\omega$ なので，運動エネルギー K は

$$K = \frac{1}{2}mv^2 = \frac{1}{2}mr^2\omega^2$$

と表すことができる．したがって，r が半分になって ω が 4 倍になると，K は 4 倍になる．

(4) r が半分になると K が 4 倍になって質点の運動エネルギーがもとの 3 倍だけ増えたのは，円運動をするのに必要な向心力より大きな力が加えられて，質点が中心の向きにゆっくりとではあるが動くので，外から仕事をされたからである．改めて，もとの糸の長さ，角速度，運動エネルギーをそれぞれ r_0, ω_0, K_0 とすると，外からなされた仕事 W は，質点にはたらく力が $-\boldsymbol{r}$ 方向で大きさが $mr\omega^2$ なので，

$$\begin{aligned} W &= -\int_{r_0}^{\frac{r_0}{2}} mr\omega^2\,dr = m\int_{\frac{r_0}{2}}^{r_0} r\left(\frac{r_0^2\omega_0}{r^2}\right)^2 dr = mr_0^4\omega_0^2\int_{\frac{r_0}{2}}^{r_0} r^{-3}\,dr \\ &= -\frac{1}{2}mr_0^4\omega_0^2\left[r^{-2}\right]_{\frac{r_0}{2}}^{r_0} = \frac{3}{2}mr_0^2\omega_0^2 = 3K_0 \end{aligned}$$

と計算され，運動エネルギーの増加量と一致する．　■

コラム：なめらかな円錐面上を回転する質点の角運動量

図 4.10 のように，鉛直線を対称軸とするなめらかな円錐面上を回転する質点の運動を考えよう．ここで，円錐の頂点を原点 O とし，円錐面は鉛直線と θ の角度をなすとする．

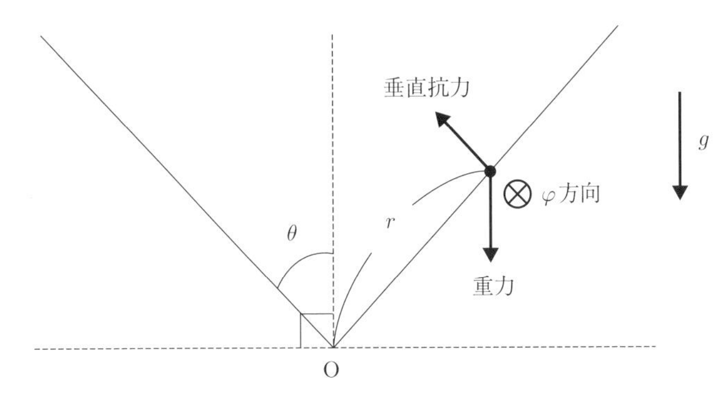

図 4.10　円錐面上を回転する質点

質点は円錐面から離れることなく動くので，質点の速度 $\boldsymbol{v}$ は位置ベクトル $\boldsymbol{r}$ とそれに直交する水平 (φ) 方向のベクトルがなす平面 Π に平行なベクトルである．ここで，原点 O のまわりの角運動 $\boldsymbol{L}$ を考えると，$\boldsymbol{L}$ は $\boldsymbol{r}$ と $\boldsymbol{v}$ に垂直なので $\boldsymbol{L}$ の向きは平面 Π に垂直となり，時間とともに変化する．しかしながら，その大きさ L は一定である．なぜだろうか？

質点となめらかな面の間にはたらく摩擦はないので，質点にはたらく力は重力と面に垂直な力（第 5 章の 5.1.4 項に説明されている垂直抗力）のみである．そのため，原点 O のまわりの力のモーメント $\boldsymbol{N}$ の向きは φ 方向である．したがって，角運動量 $\boldsymbol{L}$ と力のモーメント $\boldsymbol{N}$ は直交する．その結果，

$$\frac{dL^2}{dt} = \frac{d\,(\boldsymbol{L}\cdot\boldsymbol{L})}{dt} = 2\boldsymbol{L}\cdot\frac{d\boldsymbol{L}}{dt} = 2\boldsymbol{L}\cdot\boldsymbol{N} = 0$$

が成立する．よって，L^2 が一定，すなわち L が一定なのである．

ここで，速度 $\boldsymbol{v}$ を位置ベクトル $\boldsymbol{r}$ の方向成分 v_r とそれに直交する水平 (φ) 方向成分 v_φ に分解しよう．質点の質量を m とすると $L = mrv_\varphi$ なので，L が一定であることに注意すると，C を定数として

$$v_\varphi = \frac{C}{r}$$

と表すことができる．つまり，v_φ は r に反比例する．ここで，質点は円錐面上を徐々に落下すると思われるので，r も徐々に小さくなるだろう．すると，それにつれて v_φ は大きくなり，原点O（円錐の頂点）では $r=0$ なので v_φ は発散してしまうことになる．この考え方のどこが間違っているのであろうか？

質点の力学的エネルギー E は保存するので，

$$E = \frac{1}{2}m\left(v_r^2 + v_\varphi^2\right) + mgr\cos\theta$$

は正の定数である．この式は $v_r^2 = 2E/m - 2gr\cos\theta - v_\varphi^2$ と変形でき，左辺は負にならないので，$2E/m - 2gr\cos\theta - v_\varphi^2 \geq 0$ である．ここで $v_\varphi = C/r$ なので，この不等式は

$$2gr^3\cos\theta - \frac{2E}{m}r^2 + C^2 \leq 0$$

と変形できる．左辺を $r\,(\geq 0)$ の関数 $f(r)$ とみると，図4.11のように描けるので，この不等式より $r_1 \leq r \leq r_2$ であることがわかる．すなわち，r には上限と下限があり，$C \neq 0$ なら $0 < r_1$ なのだ．したがって，$r=0$ にならないので v_φ は発散せず，下限と上限があることがわかる．

円錐面上の質点の運動方程式は，初期条件を与えれば，数値を用いてコンピュータにより近似的に解くことができる．図4.12はその数値解を用いて描いた図で，水平面に投影した軌跡の一例である．質点が原点からある距離までしか原点に近づかないことがわかる．

ただし，現実には摩擦力がはたらくので角運動量の大きさは保存されず，質点は円錐面上を回転しながら徐々に原点に近づき，最終的には原点Oに達して $r=0$ となる．

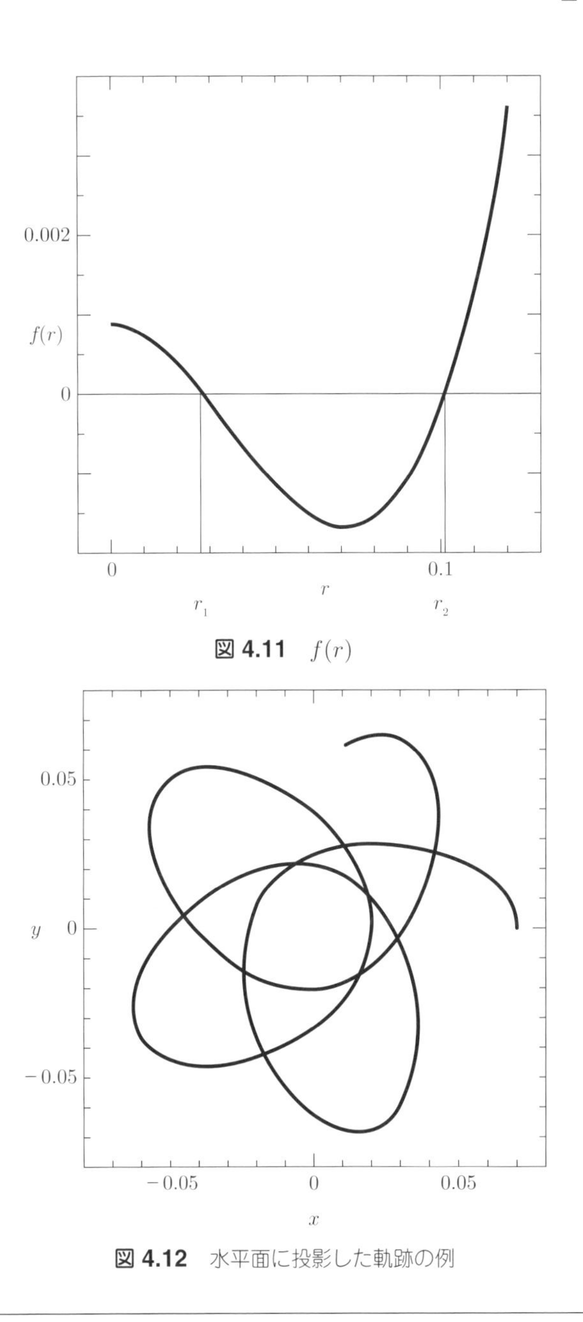

図 4.11　$f(r)$

図 4.12　水平面に投影した軌跡の例

章末問題

4.1 軌跡が (2.15) で与えられる質点の自由落下運動に対し，角運動量が従う方程式 (4.25) が成り立っていることを確認せよ．

4.2 質点が中心力 $\boldsymbol{f}(\boldsymbol{r}) = -k\boldsymbol{r}/r^3$（$k$ は定数）を受けて運動するとき，質点の速度 $\boldsymbol{v}$，角運動量 $\boldsymbol{L}$，そして位置ベクトル $\boldsymbol{r}$ を用いて定義されるベクトル

$$\boldsymbol{\varepsilon} \equiv \frac{1}{k}\boldsymbol{v} \times \boldsymbol{L} - \frac{\boldsymbol{r}}{r}$$

は保存されることを示せ．（ヒント：付録の (A.44) を利用する．）

4.3 点が半径 r の円周上を反時計まわりに速さ $v(t)$ で加速円運動をする場合，その加速度 $\boldsymbol{a}$ は

$$\boldsymbol{a} = -\frac{v^2}{r}\boldsymbol{e}_r + \frac{dv}{dt}\boldsymbol{e}_\varphi$$

と表現できることを示せ．ただし，$\boldsymbol{e}_r$，$\boldsymbol{e}_\varphi$ はそれぞれ，円の中心を原点とする 2 次元極座標における動径方向，偏角方向の単位ベクトルである．

第5章 様々な運動

物体は運動方程式（第2法則）に従って運動するが，その運動の様子は力の違いによって様々である．本章では，落下，振動，そして衝突という典型的運動を考えることにしよう．

5.1 落下

5.1.1 地表付近での落下

ニュートンは**万有引力** (universal gravitation) を発見した．図5.1のように，質量がそれぞれ m_{A} と m_{B} の2質点 A, B が距離を r だけ隔てて存在する場合，A, B はそれら2点を結ぶ方向に互いに引き合う．A が B に及ぼす引力と B が A に及ぼす引力は，第3法則（作用・反作用の法則）により，大きさが等しい．そして，その大きさ F は

$$F = G\frac{m_{\mathrm{A}}m_{\mathrm{B}}}{r^2} \tag{5.1}$$

である．ここで G は**万有引力定数** (constant of gravitation) とよばれ，実験によって

$$G = 6.674 \times 10^{-11}\,\mathrm{N \cdot m^2/kg^2} \tag{5.2}$$

であることが知られている．

ちなみに，距離を r だけ隔てた二つの電荷にはたらくクーロン力の大きさも，質量を電荷の絶対値に換えると (5.1) と同じ形で表現される．

地球上で物体にはたらく重力 $\boldsymbol{F}$ は，地球が物体を引く万有引力である．球形の物体が他の物体に及ぼす万有引力は，密度が中心からの距離だけに依存して

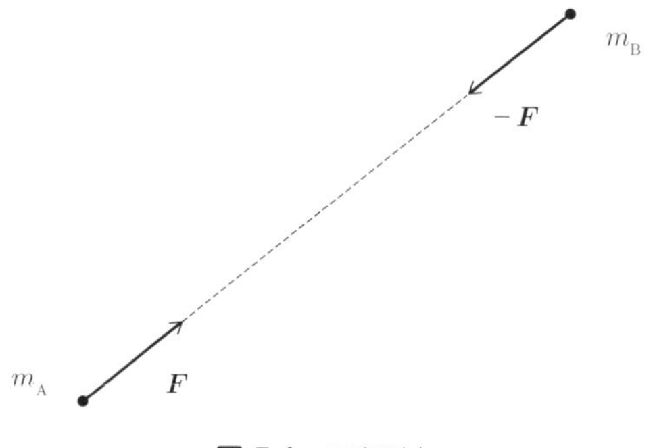

図 5.1 万有引力

いる場合，その全質量が中心に集中しているときの万有引力に等しいことが証明されている．物体が地表付近で運動している限り，地球の中心と物体の距離は地球の半径にほぼ等しいので，地上で運動する質量 m の物体にはたらく重力の大きさ F は，地球の質量を M，半径を R として，

$$F = G\frac{Mm}{R^2} \tag{5.3}$$

と近似することができる．第2章の2.2節で，質量 m の物体が地上で落下する場合，その加速度の大きさは g となるので $m\boldsymbol{g}$ の力がはたらいていると考えた．ここで，$\boldsymbol{g}$ は重力加速度である．そして，この力の大きさが (5.3) なので

$$G\frac{Mm}{R^2} = mg \tag{5.4}$$

が成り立ち，(5.2) と

$$M = 5.975 \times 10^{24}\,\mathrm{kg}, \quad R = 6.378 \times 10^{6}\,\mathrm{m} \tag{5.5}$$

より，

$$g = G\frac{M}{R^2} = 9.8\,\mathrm{m/s^2} \tag{5.6}$$

と計算できる．

さて，(5.1) によると第2法則 (2.1) に現れる質量が万有引力にも関係することになる．第2章の2.2節ではこれらを同じものとして扱った．しかし (5.1) に

現れる質量は万有引力の原因であり，かつそれを感じる量のはずであって，本来，力を受けた質点の運動のあり方とは直接関係がない．そこで，(5.1) に現れる質量を**重力質量** (gravitational mass) m_{G}，第 2 法則に現れる質量を慣性質量 m_{I} とよんで区別しよう．添え字 G，I はそれぞれ gravitation（重力），inertia（慣性）を意味する．このように区別すると，地上における物体の落下運動を決める運動方程式は (2.3) と異なり，その加速度の大きさを a として

$$m_{\mathrm{I}}a = m_{\mathrm{G}}g \tag{5.7}$$

を満たすので，

$$a = \frac{m_{\mathrm{G}}}{m_{\mathrm{I}}}g \tag{5.8}$$

となる．真空中で様々な重力質量の物体を落下させる実験を行うと，落下の加速度が高い精度で一致する．したがって，比例関係，

$$m_{\mathrm{I}} \propto m_{\mathrm{G}} \tag{5.9}$$

が成り立つはずである．重いものは動かしにくいという経験則は正しいのである．物理学では，(5.9) の比例係数を 1 とおき，重力質量と慣性質量は同等であると考える．このときの落下運動は第 2 章の 2.2 節で考察した通りである．

例題 5.1

静止衛星は，地球の赤道上空にあって地球の自転周期と同じ周期で地球を周回している．この静止衛星の高度を求めよ．

解答

宇宙から観測すると，静止衛星は地球の自転角速度と同じ角速度で，地球の赤道上空を地球の中心を中心として等速円運動している．したがって，地球が慣性系で静止していると近似すると，静止衛星の加速度 $\boldsymbol{a}$ は第 4 章の (4.19) で与えられる．よって，r を地球の中心と静止衛星間の距離，ω を地球の自転角速度とすると，静止衛星から地球の中心に向く加速度の大きさ a は，速さ v が $v = r\omega$ を満たすので

$$a = r\omega^2$$

と表すことができる．よって，F を静止衛星にはたらく万有引力の大きさ，m を静止衛星の質量とすると，運動方程式は

$$mr\omega^2 = F$$

である．ここで，地球の質量を M，万有引力定数を G とすると (5.1) より $F = GMm/r^2$ と表せるので

$$mr\omega^2 = \frac{GMm}{r^2}$$

と書ける．すなわち，

$$r^3 = \frac{GM}{\omega^2}$$

である．地球の半径を R とすると，(5.6) より $GM = gR^2$ なので，

$$r^3 = g\left(\frac{R}{\omega}\right)^2$$

と書ける．この式に, $g = 9.8\,\mathrm{m/s^2}$, $R = 6.4\times10^6\,\mathrm{m}$, $\omega = 2\pi/(24\times3600)\,\mathrm{1/s} = 7.3\times10^{-5}\,\mathrm{1/s}$ を代入して

$$r = \left\{9.8\left(\frac{6.4\times10^6}{7.3\times10^{-5}}\right)^2\right\}^{1/3}\mathrm{m} = \left\{9.8\times7.7\times10^{21}\right\}^{1/3}\mathrm{m}$$
$$= \sqrt[3]{75}\times10^7\,\mathrm{m} = 4.2\times10^7\,\mathrm{m}$$

と計算できる．したがって，静止衛星の高度は $r - R = 3.6\times10^7\,\mathrm{m} = 3.6\times10^4\,\mathrm{km}$ と求まる．■

5.1.2　空中や水中での落下

空気や水は流れる物質なので**流体** (fluid) とよばれる．静止している流体中を物体が運動する場合，その運動を妨げる向きに力がはたらく．これは流体の粘性や圧力差によって生じる力であり，抗力あるいは**流体抵抗力** (fluid resistance) とよばれる．ちなみに，物体の運動に垂直な方向に力がはたらく場合もあり，その力は揚力とよばれる．

物体の速さ v が小さい，あるいは物体のサイズが小さい場合，流体抵抗力 $\boldsymbol{F}$ は，その大きさ $|\boldsymbol{F}|$ が速さ v に比例し，速度 $\boldsymbol{v}$ とは反対の向きなので

$$\boldsymbol{F} = -\beta \boldsymbol{v} \tag{5.10}$$

と表すことができる．ここで β（ベータ）は流体の粘性率や物体の大きさ・形によって決まる定数であり，質量，時間の次元をそれぞれ M, T として M/T の次元をもっている．(5.10) を**ストークスの抵抗法則** (Stokes's law of resistance) という．

一方，物体の速さ v が大きい，あるいは物体のサイズが大きい場合，流体抵抗力 $\boldsymbol{F}$ は，その大きさ $|\boldsymbol{F}|$ が速さ $v = |\boldsymbol{v}|$ の 2 乗に比例し，速度 $\boldsymbol{v}$ とは反対の向きなので

$$\boldsymbol{F} = -\gamma |\boldsymbol{v}| \boldsymbol{v} \tag{5.11}$$

と表すことができる．ここで γ（ガンマ）は流体の密度や物体の大きさ・形によって決まる定数であり，長さの次元を L として M/L の次元をもっている．(5.11) を**ニュートンの抵抗法則** (Newton's law of resistance) という．

例として，地表面付近の流体中に静止していた質量 m の物体が，重力によって鉛直下方に落下する速さ v の時間変化を求めよう．

まず，ストークスの抵抗法則 (5.10) が成り立つとする．この場合，鉛直下向きを正とすると運動方程式は

$$m\frac{dv}{dt} = mg - \beta v \tag{5.12}$$

である．これは

$$\frac{dv}{g - \beta v/m} = dt \tag{5.13}$$

と変形でき，初期条件を考慮してこれを積分することによって，

$$v = \frac{mg}{\beta}\left(1 - e^{-\beta t/m}\right) \tag{5.14}$$

を得る．なお，付録の A.6.2 項で説明されているように，定数係数非同次常微分方程式の一般的な解法によっても同一の解を求めることができる．

(5.14) において $t \to \infty$ の極限をとれば $v \to v_0 = mg/\beta$ となり，v_0 を終端速度（の大きさ）とよぶ．これは，重力と流体抵抗力がつりあう状態での速さなので，(5.12) の右辺を 0 としても得られる

次に，ニュートンの抵抗法則 (5.11) が成り立つとする．この場合，運動方程式が

$$m\frac{dv}{dt} = mg - \gamma v^2 \tag{5.15}$$

と，v^2 に比例する項を含む常微分方程式となる．一般にこの種の常微分を解くことは難しいが，この場合は比較的簡単に解を求めることができる．まず，(5.15) を

$$\frac{dv}{g - \gamma v^2/m} = dt \tag{5.16}$$

と変形する．ここで，

$$u = \sqrt{\frac{\gamma}{mg}}v \tag{5.17}$$

と変数変換すると，(5.16) は

$$\frac{du}{1-u^2} = \sqrt{\frac{\gamma g}{m}}dt \tag{5.18}$$

となる．ここで

$$\int \frac{du}{1-u^2} = \frac{1}{2}\int\left(\frac{1}{1+u} + \frac{1}{1-u}\right)du = \frac{1}{2}\ln\left|\frac{1+u}{1-u}\right| + C \tag{5.19}$$

という不定積分（C は積分定数）に注意すると，(5.18) は

$$\frac{1}{2}\ln\left|\frac{1+u}{1-u}\right| = \sqrt{\frac{\gamma g}{m}}t + C' \tag{5.20}$$

と積分できる（C' は積分定数）．初期条件は $t = 0$ のとき $u = 0$ なので，$C' = 0$ と決まり，(5.20) と (5.17) によって

$$v = \sqrt{\frac{mg}{\gamma}}\tanh\sqrt{\frac{\gamma g}{m}}t \tag{5.21}$$

を得る．ただし，$\tanh x \equiv (e^x - e^{-x})/(e^x + e^{-x})$ である．(5.21) において $t \to \infty$ の極限をとれば $v \to v_0 = \sqrt{mg/\gamma}$ という終端速度（の大きさ）v_0 が

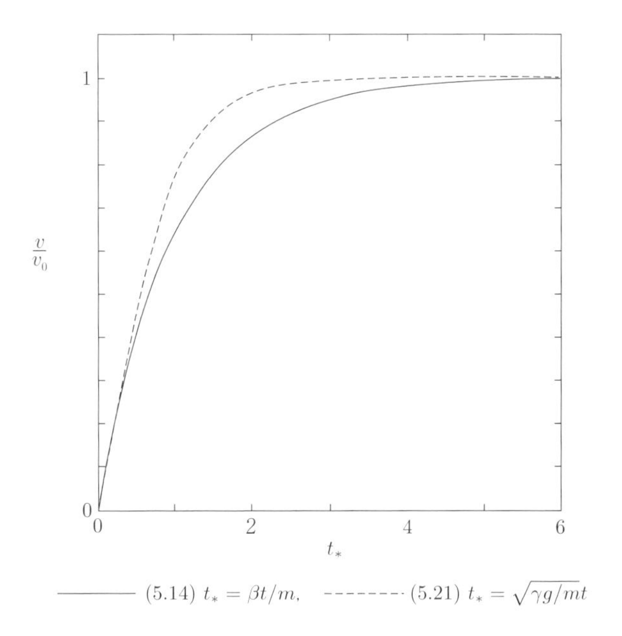

図 5.2 流体中を落下する速さの時間変化

得られる．これも，重力と流体抵抗力がつりあう状態での速さなので，(5.15) の右辺を 0 としても得られる．

上記のように，終端速度 v_0 はストークスの抵抗法則とニュートンの抵抗法則で異なり，また β や γ の値によって変化する．図 5.2 は，落下する速さの時間変化を両方の抵抗法則で比較している．ただし，速さ v はそれぞれの終端速度 v_0 で，時間 t はそれぞれの時間スケール（時定数）で無次元化している．すなわち，図 5.2 の実線は (5.14) によって与えられる無次元速さ v/v_0 の無次元時間 $t_* = \beta t/m$ に対する変化を，破線は (5.21) によって与えられる無次元速さ v/v_0 の無次元時間 $t_* = \sqrt{\gamma g/m}t$ に対する変化を示している．

無風の空気中で，黄砂や PM2.5 などの非常に小さい微粒子の落下ではストークスの抵抗法則が成り立ち，微粒子は mg/β の終端速度で落下する．一方，無風の地上付近における雨粒の落下ではニュートンの抵抗法則が近似的に成り立ち，多くの雨粒は $\sqrt{mg/\gamma}$ に近い終端速度で落下する．

5.1.3 水平面上の運動

本項では，水平面上の運動を考える．落下運動ではないが，次節で斜面に沿う落下を考察する際に応用できる基礎事項である．

物体が水平な台上で静止しているとき，物体は地球から重力を受けているにもかかわらず静止している．運動方程式 (2.1) を考えると，左辺の加速度が 0 であるから，右辺の合力は 0 である．物体が重力以外に受けている力を $\boldsymbol{f}$ とすると，

$$\boldsymbol{F} = m\boldsymbol{g} + \boldsymbol{f} = 0 \tag{5.22}$$

より，その力は鉛直上向きで大きさが $f = mg$ である．台がないと物体は落下するので，この力は台が物体に及ぼしているはずである．この力は台の面に垂直で質点を押す向きの力なので**垂直抗力** (normal reaction) とよばれる．垂直抗力は英単語の頭文字である $\boldsymbol{N}$ で表すことが多く，上記の場合，

$$\boldsymbol{N} = \boldsymbol{f} = -m\boldsymbol{g} \tag{5.23}$$

と書ける．したがって，物体が受ける力は図 5.3 のように表される．このように，幾何学的条件（いまの場合は台の上で静止しており，それより下には動けないという条件）で自動的に発生する力を一般に**束縛力** (force of constraint) という．束縛力は状況（例えば，物体の質量の大小）によって異なるので，静止を含めた運動の様子，すなわち加速度から逆に求めることしかできない．

図 5.3 において，質量 m の物体が静止しておらず水平面上を運動しているときも，鉛直方向の加速度はないので，質点にはたらく合力の鉛直方向成分は 0 である．よって，静止しているときと同じ垂直抗力がはたらいている．

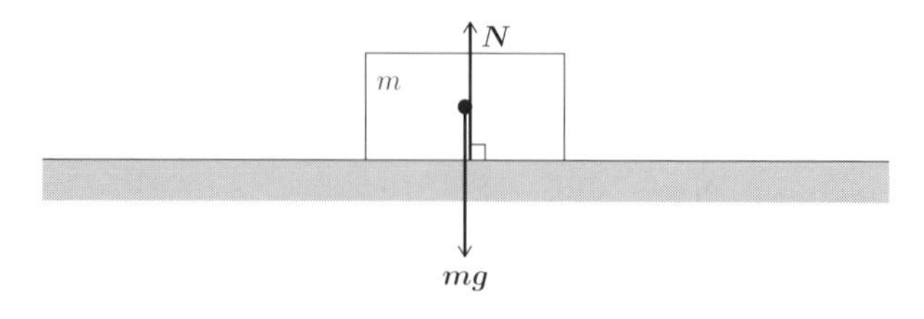

図 5.3 水平面の垂直抗力

一般に，物体が他の物体と接触していると，その運動を妨げる向きに**摩擦力** (friction force) を受ける．

例えば，水平面上で静止している物体を水平面に接触したまま水平方向に動かそうとしても，弱い力では動かない．物体が，動くことを妨げる**静止摩擦力** (static friction force) $\boldsymbol{F}$ を面から受けるからである．物体が静止を続ける限り合力は 0 であるから，静止摩擦力の大きさは動かそうとする力とともに増減する．すなわち，静止摩擦力も束縛力である．しかしながら，力を大きくすると物体は面上を動き出す．これは静止摩擦力の大きさに上限（最大値）F_0 があることを意味している．F_0 を**最大摩擦力** (maximum friction force) とよぶ．そして，F_0 と物体が水平面から受ける垂直抗力の大きさ $N\,(= mg)$ との比 μ_0（μ：ミュー）を**静止摩擦係数** (static friction coefficient) という．すなわち，

$$F_0 = \mu_0 N \tag{5.24}$$

である．静止摩擦係数 μ_0 は，接触面積にはほとんどよらずに物体の表面の粗さによって決まる量である．

このように，物体に最大摩擦力 F_0 より大きい力が加えられると物体は動き出す．動き出しても摩擦力は存在するが，最大摩擦力より小さいことが知られている．動いているときの摩擦力を**動摩擦力** (dynamic friction force) とよぶ．そして，動摩擦力の大きさ f と垂直抗力の大きさ N の比 μ を**動摩擦係数** (dynamic friction coefficient) という．すなわち，

$$f = \mu N \tag{5.25}$$

と表せる．動摩擦係数 μ は物体が面を滑る速さや底面の面積にほとんどよらない場合が多い．上の説明からわかるように

$$0 < \mu < \mu_0 \tag{5.26}$$

であり，静止した物体を動かし始めるときに最も大きな力が必要となる．スキーでは，滑り出す場合に最も力を要することに整合する．

以上，(5.24)，(5.25) は**クーロンの摩擦法則** (Coulomb's law of friction) とよばれる経験則である．

例題 5.2

摩擦のある水平面上を物体が滑っている．速さ v_0 で滑る物体が静止するまでの時間を求めよ．ただし，重力加速度の大きさを g，物体と面の間の動摩擦係数を μ とする．

解答

物体の質量を m とすると，物体は水平面から垂直抗力 mg を受けている．そのため，物体は滑る向きと逆の向きに大きさ μmg の動摩擦力を受ける．その結果，物体が滑る向きの加速度成分を a とした運動方程式は

$$ma = -\mu mg$$

である．よって

$$a = -\mu g$$

と，等加速度運動であることがわかる．したがって，速さが v_0 の時刻を $t = 0$ とすると，時刻 t での速さ v は，初期条件を考慮すると

$$v = v_0 - \mu gt$$

である．物体が静止するまでの時間 T は，上式で $v = 0$ とした t なので，

$$T = \frac{v_0}{\mu g}$$

である．■

5.1.4　なめらかな斜面に沿う落下

まず，なめらかな斜面上の落下を考えよう．ここで，「なめらか」とは摩擦がないこと意味する．その場合，物体はどのような力を面から受けるだろうか？

斜面がなめらかなので，斜面から受ける力は斜面に垂直である．そこで，これも垂直抗力とよぶ．物体は斜面から離れることなく斜面に沿って加速度運動をするので，合力は斜面に平行のはずである．斜面の垂直抗力と鉛直下向きの

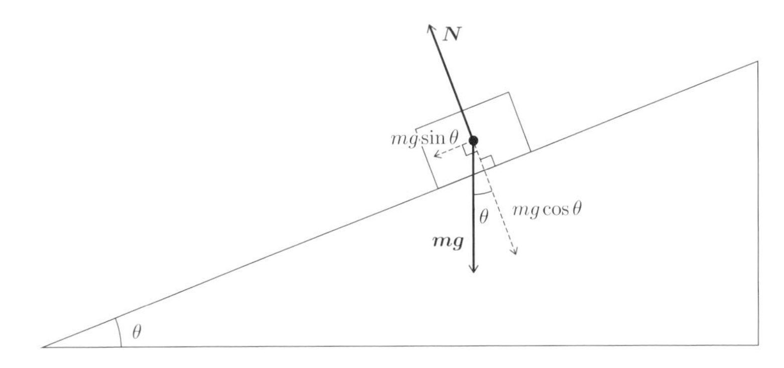

図 5.4 重力と斜面の垂直抗力（重力と垂直抗力の始点を一致させている）

重力の合力が斜面に平行になるのは，図 5.4 からわかるように，物体が受ける重力の斜面に垂直な成分の大きさと垂直抗力の大きさが等しく打ち消し合う場合である．図 5.4 のように，斜面が水平面となす角度を θ とすると，質量 m の物体が受ける重力の斜面に垂直な成分は下向きに $mg\cos\theta$ なので，物体は斜面から大きさが $mg\cos\theta$ の垂直抗力 $\boldsymbol{N}$ を受けていることになる．この場合の垂直抗力の向きと大きさも，幾何学的条件から自動的に決まることに注意しよう．そうすると，作図からわかるように物体が受ける合力は大きさ $mg\sin\theta$ で，斜面に沿って下向きである．

例題 5.3

水平面と角度 θ をなすなめらかな斜面上に静止していた物体が，斜面に沿って距離 l だけ滑り落ちるために要する時間を求めよ．ただし，重力加速度の大きさを g とする．

解答

質量 m の物体が受ける合力は斜面に沿って下向きに $mg\sin\theta$ なので，加速度の大きさを a とすると，運動方程式は

$$ma = mg\sin\theta$$

となる．したがって，物体は一定の加速度の大きさ

$$a = g \sin \theta$$

で滑り落ちる．初速度は0なので，物体の速さ v は時間 t に比例する．すなわち

$$v = \int_0^t a \, dt = at = (g \sin \theta)\, t$$

である．したがって，質点が斜面上を距離 l だけ滑り落ちるために要する時間 T は

$$l = \int_0^T v \, dt = \frac{1}{2}(g \sin \theta)\, T^2$$

を満たす．よって

$$T = \sqrt{\frac{2l}{g \sin \theta}}$$

である．■

5.1.5　摩擦のある斜面に沿う落下

水平面となす角度が θ の斜面上に質量 m の物体が静止している場合，物体にはたらく合力は0である．つまり，鉛直下向きで大きさ mg の重力の他に，鉛直上向きで大きさ mg の抗力を斜面から受けて，合力が0になっている．斜面に垂直な方向は，なめらかな斜面の場合と同じように，重力の斜面に垂直な成分と大きさが等しい垂直抗力 $\boldsymbol{N}$ が生じている．$N = mg \cos \theta$ である．さらに斜面に平行な方向に大きさが $mg \sin \theta$ の静止摩擦力 $\boldsymbol{F}$ が生じていれば，それらの合力が鉛直上向きの抗力になる．斜面の傾き角 θ が大きいと，$mg \sin \theta$ は大きくなり，最大摩擦力の大きさ $|\boldsymbol{F}_0|$ は (5.24) より $|\boldsymbol{F}_0| = \mu_0 mg \cos \theta$ なので逆に小さくなり，斜面の傾き角 θ がある最大値 θ_0 を超えると，物体は滑り出す．傾き角が θ_0 のとき，

$$mg \sin \theta_0 = \mu_0 mg \cos \theta_0 \tag{5.27}$$

が成り立つので，$\tan \theta_0 = \mu_0$，すなわち

$$\theta_0 = \tan^{-1} \mu_0 \tag{5.28}$$

と表すことができる．ここで $\tan^{-1}$ は $\tan$ の逆関数である．

物体が斜面上を滑り出すと，斜面から動摩擦 (5.25) を受ける．したがって，運動方程式は斜面方向の加速度の大きさを a として

$$ma = mg\sin\theta - \mu mg\cos\theta \tag{5.29}$$

となる．すなわち，物体は斜面上を一定の大きさ

$$a = g\,(\sin\theta - \mu\cos\theta) \tag{5.30}$$

の加速度で落下する．例題 5.3 で考えたなめらかな斜面の場合と比較すると，動摩擦の影響によって $\mu g\cos\theta$ だけ大きさが小さい加速度である．

5.2 振動

5.2.1 バネの水平振動

バネは外からの力で引かれると伸び，押されると縮む．その伸びや縮みは，バネの性質を変えてしまうほど大きくない場合，力に比例する．一方，作用・反作用の法則から，このときバネは同じ大きさで逆向きの力を外に及ぼしている．図 5.5 のように，片方の端を固定したバネが，その自然な長さから x だけ引き伸ばされている（押し縮められている）ときの，変位 x（あらかじめ正の向きを指定したときの，他端の位置の伸びていないときからのずれ）とバネが及ぼす力 F の関係は，F の正の向きを x の正の向きとそろえると，

$$F = -kx \tag{5.31}$$

と表すことができる．これを**フックの法則** (Hooke's law) という．ここで，比例係数 k は**バネ定数** (spring constant) とよばれる．また，力 F は常にバネを自然な長さに戻そうとする方向にはたらくので復元力とよばれる．(5.31) より，力 F は保存力であることがわかる．

いま，図 5.5 のように，質量 m の小さな物体に水平方向のバネをつけ，バネの他端を固定して，物体を摩擦のないなめらかな水平面上で x の正の方向に a だけ引き伸ばした後に手を放したとする．バネの質量は無視できるとして，そ

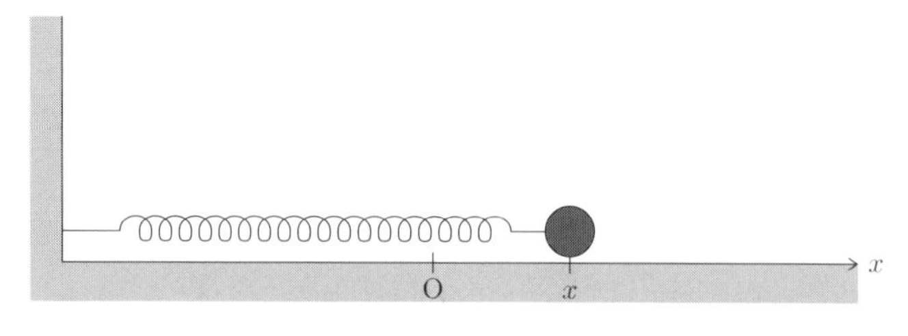

図 5.5　バネの水平振動

の後の物体の運動を考えよう.

運動方程式は

$$m\frac{d^2x}{dt^2} = -kx \tag{5.32}$$

すなわち

$$\frac{d^2x}{dt^2} = -\frac{k}{m}x \tag{5.33}$$

なので,

$$\omega \equiv \sqrt{\frac{k}{m}} \tag{5.34}$$

を定義すれば

$$\frac{d^2x}{dt^2} = -\omega^2 x \tag{5.35}$$

と表すことができる.

方程式 (5.35) は 2 階の常微分方程式なので, その一般解は (5.35) を満たす, 未定定数を 2 個もつ関数である. ここで, 三角関数の微分の性質（付録 (A.35), (A.36) 参照）より $d^2 \sin\omega t/dt^2 = -\omega^2 \sin\omega t$, $d^2 \cos\omega t/dt^2 = -\omega^2 \cos\omega t$ が成り立つことに注意すると, $x = \sin\omega t$ と $x = \cos\omega t$ は (5.35) を満たす独立な二つの関数であることがわかる. したがって, a, b を定数として,

$$x = a\sin\omega t + b\cos\omega t \tag{5.36}$$

は (5.35) の一般解である. あるいは, A, α（アルファ）を定数として,

$$x = A\cos(\omega t + \alpha) \tag{5.37}$$

も (5.35) の一般解である．これは，

$$\frac{dx}{dt} = -A\omega \sin(\omega t + \alpha), \quad \frac{d^2x}{dt^2} = -A\omega^2 \cos(\omega t + \alpha) \tag{5.38}$$

より x が (5.35) を満たすことから確認できる．(5.37) において，$\omega t + \alpha$ を**位相** (phase) とよぶ．方程式 (5.35) は 2 階の定数係数同次常微分方程式なので，その一般解 (5.37) は付録の A.6.1 項で説明された方法によっても求めることができる．

(5.37) より，x は**角振動数** (angular frequency) ω で振動し，$|A|$ はその**振幅** (amplitude)，α は**初期位相** (initial phase)（$t = 0$ での位相の値）を意味することがわかる．そして，この振動の**周期** (period) T は，$\omega t + \alpha$ が 2π 変化するのに要する時間なので，$\omega T = 2\pi$ より

$$T = \frac{2\pi}{\omega} = 2\pi\sqrt{\frac{m}{k}} \tag{5.39}$$

である．また，単位時間あたりの振動の回数を ν（ニュー）と書くと

$$\nu = \frac{1}{T} = \frac{\omega}{2\pi} = \frac{1}{2\pi}\sqrt{\frac{k}{m}} \tag{5.40}$$

である．これを**振動数** (frequency) という．また，質点の x 方向の速度成分は，(5.38) の第 1 式で与えられる．(5.37) で表される振動は**単振動** (simple harmonic oscillation) とよばれる．

ここで，最初に述べた初期条件は $t = 0$ で $x = a$, $dx/dt = 0$ と表されるから，(5.37) と (5.38) より，定数 A, α が $A = a$, $\alpha = 0$ と決まる．よって x は時間 t の関数として

$$x = a\cos\omega t \tag{5.41}$$

と表現できる．変位に比例する復元力は単振動を引き起こすのである．

5.2.2 バネの鉛直振動

次に，図 5.6 のように，質量が無視できるバネ定数 k のバネを質量 m の小さな物体につけ，バネの他端を固定してつり下げたとしよう．このとき，物体

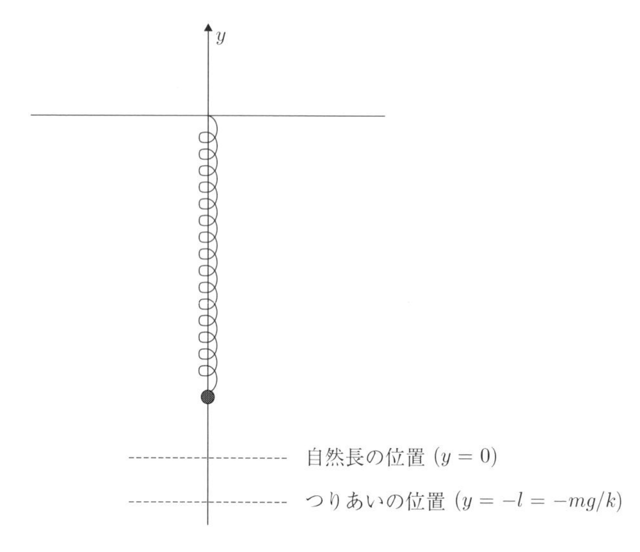

図 5.6　バネの鉛直振動

にはバネの復元力に加えて鉛直下方に重力がはたらき，物体が静止している状態ではバネは自然な長さ（自然長）より伸びてバネの復元力と重力がつりあう．伸びの大きさを l とすると

$$kl = mg \tag{5.42}$$

である．したがって，y 軸の正の向きを鉛直上向きにとり，バネが自然長の位置に原点をとると，つりあいの位置は $y = -l$ である．

この物体をつりあいの位置から鉛直上方（y の正方向）に a だけ押し上げてから手を放した後の物体の運動を考えよう．ただし，空気抵抗は無視できるとする．物体の運動方程式は下向きに大きさ mg の重力が常にかかっていることに注意すると

$$m\frac{d^2y}{dt^2} = -ky - mg \tag{5.43}$$

なので，

$$m\frac{d^2y}{dt^2} = -k\left(y + \frac{mg}{k}\right) \tag{5.44}$$

と書ける．そこで，

$$y' = y + \frac{mg}{k} = y + l \tag{5.45}$$

とおくと，(5.44) の左辺 $= md^2y'/dt^2$，(5.44) の右辺 $= -ky'$ なので，

$$\frac{d^2y'}{dt^2} = -\frac{k}{m}y' \tag{5.46}$$

となる．したがって，(5.46) は (5.34) の ω を用いて

$$\frac{d^2y'}{dt^2} = -\omega^2 y' \tag{5.47}$$

と書ける．この方程式は (5.35) とまったく同じ形である．初期条件も，$t = 0$ で $y' = a$, $dy'/dt = 0$ と同様に表される．したがって，(5.41) より

$$y' = a\cos\omega t \tag{5.48}$$

が解となるので，(5.45) より (5.43) の解は

$$y = a\cos\omega t - l \tag{5.49}$$

と表現できる．すなわち，質点はつりあいの位置を中心に単振動するのである．

振動の周期は

$$T = \frac{2\pi}{\omega} = 2\pi\sqrt{\frac{k}{m}} \tag{5.50}$$

となり，振動数は

$$\nu = \frac{1}{T} = \frac{1}{2\pi}\sqrt{\frac{k}{m}} \tag{5.51}$$

で，同じバネを水平な面上で振動させた場合の周期と振動数にそれぞれ等しい．

5.2.3 単振り子の振動

次に，伸び縮みしないひもに結ばれた小さな物体（**単振り子** (simple pendulum)）の振動を考えよう．図 5.7 のように，一端が点 O に固定された長さ l のひもの他端に質量 m の小さなおもりを結び，ひもを張りながらおもりを鉛直線から角度 θ_0 の方向に傾けて静止させてから手を放したとしよう．ただし，ひもの質量は無視できるとする．

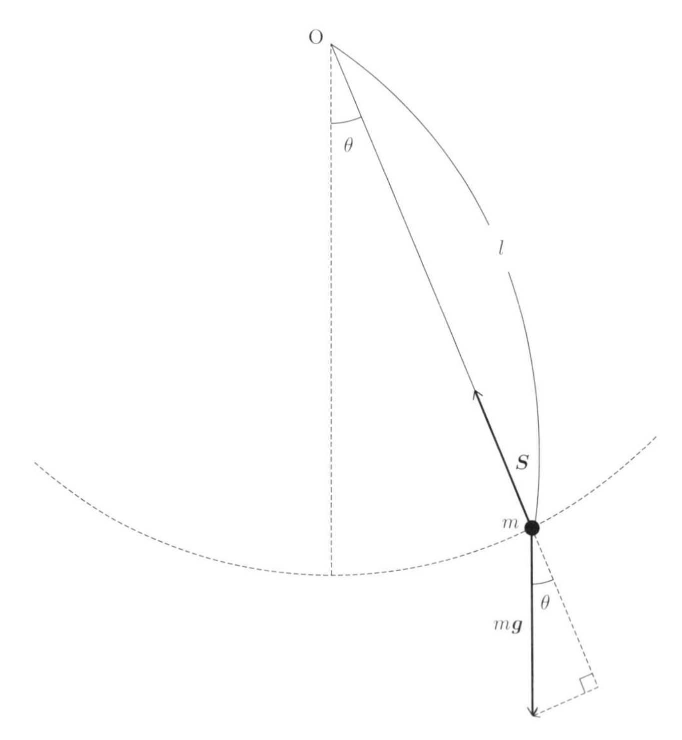

図 5.7　単振り子の振動

さて，おもりにはたらく力は，鉛直下向きの重力 $m\boldsymbol{g}$ と，ひもに沿って支点 O に向かうひもの張力 $\boldsymbol{S}$ である．ひもの長さは不変だから，おもりは半径 l の円運動をする．そこで，支点 O を原点とする 2 次元極座標 (r, θ) を用いると，章末問題 4.3 より，運動方程式の r 成分と θ 成分はそれぞれ

$$m\frac{v^2}{l} = S - mg\cos\theta \tag{5.52}$$

$$m\frac{dv}{dt} = -mg\sin\theta \tag{5.53}$$

となる．ここで v は速度の θ 方向成分で，(4.14) より

$$v = l\frac{d\theta}{dt} \tag{5.54}$$

である．(5.54) を (5.53) に代入して整理すると，

$$\omega \equiv \sqrt{\frac{g}{l}} \tag{5.55}$$

として，

$$\frac{d^2\theta}{dt^2} = -\omega^2 \sin\theta \tag{5.56}$$

を得る．

この微分方程式を解析的に解くことは難しいが，おもりの振れ幅が小さく $|\theta| \ll 1$ が成り立つ（微小振動の）場合は $\sin\theta \fallingdotseq \theta$（付録 (A.38) 参照）が成り立つので，(5.56) は

$$\frac{d^2\theta}{dt^2} = -\omega^2\theta \tag{5.57}$$

と近似できる．この方程式の変数は θ であるが，形は単振動の方程式 (5.35) と同じなので，(5.37) と同様にその一般解は定数 A, α を用いて，

$$\theta = A\cos(\omega t + \alpha) \tag{5.58}$$

である．

振動の周期は

$$T = \frac{2\pi}{\omega} = 2\pi\sqrt{\frac{l}{g}} \tag{5.59}$$

であり，振動数は

$$\nu = \frac{1}{T} = \frac{1}{2\pi}\sqrt{\frac{g}{l}} \tag{5.60}$$

によって与えられる．また，(5.58) より

$$\frac{d\theta}{dt} = -A\omega\sin(\omega t + \alpha) \tag{5.61}$$

と計算できるので，(5.54) より

$$v = -A\omega l\sin(\omega t + \alpha) \tag{5.62}$$

である．

設定した初期条件は $t=0$ で $\theta=\theta_0$, $d\theta/dt=0$ と表すことができるから，これらを (5.58) と (5.61) に代入すると，定数 A, α が $A=\theta_0$, $\alpha=0$ と決まり，

$$\theta=\theta_0\cos\omega t \tag{5.63}$$

を得る．

張力 S は (5.52)，(5.54) より

$$S=m\frac{v^2}{l}+mg\cos\theta=ml\left(\frac{d\theta}{dt}\right)^2+mg\cos\theta \tag{5.64}$$

である．

5.3　衝突

5.3.1　撃力

物体が壁や地面などに衝突すると，その瞬間互いに押し合う．それらの力は第3法則（作用・反作用法則）により同じ大きさで向きが逆である．その力の大きさ F を微視的にみれば，接触面の変形とともに変化する．したがって，単

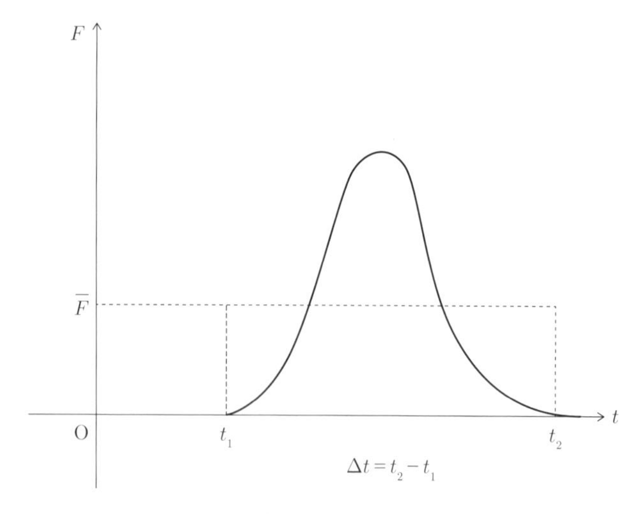

図 5.8　撃力

純化すると，この瞬時の間に F は図 5.8 のように時間的に変化する．このような，短い時間 Δt にはたらく大きな力を**撃力** (impulsive force) とよぶ．力が発生している間の力積は (2.24) の右辺で与えられるが，$\Delta t = t_2 - t_1$ の間の力の平均を $\bar{\boldsymbol{F}}$ とすると $\bar{\boldsymbol{F}}\Delta t$ と近似できるので，質点の運動量変化 $\Delta\boldsymbol{p}$ に対して

$$\Delta\boldsymbol{p} = \bar{\boldsymbol{F}}\Delta t \tag{5.65}$$

が成り立つ．

(5.65) を知っていると，キャッチボールのうまい人がボールを受け取る際にグローブを瞬間的に引く理由がわかる．飛んできたボールを受け取ることは，その運動量を 0 にすることである．その場合，(5.65) の左辺の値は決まっているので，ボールが止まるまでのグローブとの接触時間 Δt を増やすことによって，その撃力の時間平均 $\bar{F}$ が小さくなる．すなわち，クッションのようにボールをゆっくり止めることによって衝撃を少なくしているのだ．

例題 5.4

秒速 20 m/s で水平に飛んできた質量 140 g のボールを 0.10 s かけてグローブでキャッチした．その際，グローブが受ける撃力の時間平均値を求めよ．

解答

撃力の時間平均の大きさを $\bar{F}$，質量 m のボールがグローブに速さ v で接触してから静止するまでの微小時間を Δt とすると，(5.65)（「運動量変化は力積に等しい」）は

$$\bar{F}\Delta t = mv$$

となる．したがって，

$$\bar{F} = \frac{mv}{\Delta t} = \frac{0.14 \cdot 20}{0.10}\,\mathrm{N} = 28\,\mathrm{N} = \frac{28}{9.8}\mathrm{kgw} = 2.9\,\mathrm{kgw}$$

と求まる．■

撃力がはたらく時間 Δt は短いので，その間に物体の位置は変化しないとしてよい．その結果，時刻 t_1 から時刻 t_2 までの角運動量変化 $\Delta\boldsymbol{L}$ は，(4.24) と

(4.25) より

$$\begin{aligned}\Delta \boldsymbol{L} \equiv \boldsymbol{L}(t_2) - \boldsymbol{L}(t_1) &= \int_{\boldsymbol{L}(t_1)}^{\boldsymbol{L}(t_2)} d\boldsymbol{L} = \int_{t_1}^{t_2} \frac{d\boldsymbol{L}}{dt} dt \\ &= \int_{t_1}^{t_2} \boldsymbol{N}\, dt = \boldsymbol{r} \times \int_{t_1}^{t_2} \boldsymbol{F}\, dt = \boldsymbol{r} \times \bar{\boldsymbol{F}} \Delta t\end{aligned} \tag{5.66}$$

となる．すなわち，「**撃力による角運動量変化は力積の（原点のまわりの）モーメントに等しい**」ことを示している．

5.3.2　はねかえりの係数（反発係数）

物体がある高さから地面に衝突した後に跳ね返る高さは，もとの高さより低い．これは，物体の衝突直後の速さ v' が衝突直前の速さ v より小さいからである．あるいは，衝突前の物体の運動エネルギーは衝突後に減少するといえる．一般に，物体の衝突現象では，衝突によって熱や音が発生するので，運動エネルギーが減少する．しかしながら，理想的な場合として衝突前後で運動エネルギーが保存されるとき，その衝突を**弾性衝突** (elastic collision) とよぶ．それ以外の場合を**非弾性衝突** (inelastic collision) とよぶ．特に，衝突による運動エネルギーの減少（散逸）が最大となる場合を**完全非弾性衝突** (perfectly inelastic collision) とよぶ．

ここで，衝突前後の速さの比として**はねかえりの係数** (coefficient of rebound)（**反発係数** (coefficient of restitution)）e を

$$e \equiv \frac{v'}{v} \tag{5.67}$$

と定義しよう（ネピアの定数（自然対数の底）e と混同しないよう注意）．上記の説明から推測されるように，はねかえりの係数 e は $0 \le e \le 1$ を満たす．そして，弾性衝突は $e = 1$，非弾性衝突は $0 \le e < 1$，完全非弾性衝突は $e = 0$ に対応する．

例題 5.5

質点が鉛直に落下して水平面に速さ v_0 で衝突し，その後，はねかえりの係数 e で衝突を繰り返した．最初の衝突から $(n+1)$ 回目の衝突までの経過時間 T_n を求めよ．また，その表式を用い，$0 \leq e < 1$ であれば，衝突を無限に繰り返しても有限時間しかかからないことを示せ．ただし，重力加速度の大きさを g とする．

解答

質点が水平面に n 回衝突して跳ね返る直後の速さを v_n とすると，(5.67) より $e = v_{n+1}/v_n$ なので $v_n = e^n v_0$ となる．そして，n 回目の衝突から $(n+1)$ 回目の衝突までに要する時間 t_n は $-v_n = v_n - gt_n$ より $t_n = 2v_n/g$ なので，最初の衝突から $(n+1)$ 回目の衝突までの経過時間 T_n は，

$$T_n = \sum_{k=1}^{n} t_k = \sum_{k=1}^{n} 2\frac{v_k}{g} = \frac{2v_0}{g}\sum_{k=1}^{n} e^k = \frac{2v_0 e}{g}\frac{1-e^n}{1-e}$$

と表すことができる．したがって，$0 \leq e < 1$ より

$$\lim_{n\to\infty} T_n = \frac{2v_0 e}{g(1-e)}$$

となり，$n \to \infty$ としても T_n は有限である．ただし e が 1（弾性衝突）に近づくと有限ではあるが非常に長くなる．■

コラム：振り子の等時性

単振り子では，振幅が小さく $\sin\theta \fallingdotseq \theta$ が成り立って，(5.56) を (5.57) で近似できる場合，その解は (5.58) で与えられるので振動周期 (5.59) は振幅 A に依存しない．これを**振り子の等時性** (isochronism of the pendulum) という．ガリレイが教会の天井で揺れる燭台を観察し，自分の脈拍を数えながらその周期を計ることによって発見したといわれている．

しかし，これには最初から近似 (5.57) が入っているので正しくなく，厳密にいうと振り子の周期は振幅が小さくても振幅に依存して変わる．

単振り子の正確な運動方程式は，本文の (5.56)

$$\frac{d^2\theta}{dt^2} = -\omega^2 \sin\theta$$

である．詳しい数学的解析によると，この方程式の解 θ はやはり振動することがわかり，振幅が θ_0 のとき，その周期 τ（タウ）は (5.59) の T を用いて

$$\tau = T\frac{2}{\pi}K(k)$$

と表すことができる．ここで， $K(k)$ は，振幅に依存する

$$k = \sin\frac{\theta_0}{2}$$

を用いて，

$$K(k) = \int_0^{\frac{\pi}{2}} \frac{d\varphi}{\sqrt{1-k^2\sin^2\varphi}} \cdots (*)$$

によって定義される， k の関数である． $K(k)$ は「第 1 種の完全楕円積分」とよばれ，厳密に求めることは難しい．そこで，振幅 θ_0 が小さく， $k \fallingdotseq \theta_0/2$ と近似できるとしよう．このとき， k も小さいので， $K(k)$ を k で展開して近似することができる．すなわち， $1/\sqrt{1-k^2\sin^2\varphi} \fallingdotseq 1+\left(k^2\sin^2\varphi\right)/2$ より，

$$\begin{aligned} K(k) &\fallingdotseq \int_0^{\frac{\pi}{2}} \left(1+\frac{k^2\sin^2\varphi}{2}\right)d\varphi \\ &= \int_0^{\frac{\pi}{2}} \left\{1+\frac{k^2}{4}(1-\cos 2\varphi)\right\}d\varphi \\ &= \frac{\pi}{2}\left(1+\frac{k^2}{4}\right) \end{aligned}$$

となる．この式に $k \fallingdotseq \theta_0/2$ を代入することによって

$$\tau \fallingdotseq T\left(1+\frac{k^2}{4}\right) \fallingdotseq T\left(1+\frac{\theta_0^2}{16}\right)$$

を得る．この結果，振幅が大きくなると周期 τ が増えることがわかる．

例えば $\theta_0 = \pi/6 = 30^\circ$ のとき，

$$\tau \doteqdot T\left\{1+\frac{1}{16}\left(\frac{\pi}{6}\right)^2\right\} = 1.017T$$

となり，周期 τ は周期 T より約 2 パーセント大きい．

章末問題

5.1 月面と地球面での重力加速度の大きさの比を求めよ．また，その結果を用いて，両面での微小振動する単振り子の振動周期の比を計算せよ．ただし，地球と月の質量比を 81，半径比を 4.0 とする．

5.2 図 5.5 の水平面に摩擦がある場合を考える．バネにつけられた質量 m の物体を，バネの自然長 $(x = 0)$ から x の正の方向に a だけ引き伸ばした後に手を放したところ，物体は動き出した．その後，はじめて瞬間的に静止する位置 x_0 を求めよ．ただし，重力加速度の大きさを g，水平面の動摩擦係数を μ とし，バネは質量が無視できてバネ定数を k としたフックの法則に従うとする．

5.3 5.2.3 項で考察した単振り子は，ひもの張力と保存力である重力を受けるが，ひもの張力は仕事をしないので，単振り子の力学的エネルギーは保存する．微小振動の場合に，(5.58) と (5.62) を用いて力学的エネルギーを計算することにより，これを示せ．

第6章　異なる座標系で観測される運動

電車から隣の線路の電車を眺めると，その電車が後ろ向きに動くように見える場合がある．このとき，地面に対して隣の電車が止まっていて，乗っている電車が前向きに動いているのかもしれない．あるいは，地面に対して電車は両方前向きに動いているが，乗っている電車が隣の電車より速く動いているのかもしれない．このように，物体が動いているというとき，何に対して（どの観測者に対して）動いているかを指定しなければ意味をなさない．つまり，運動は相対的にしかとらえられないのである．

電車が地面（慣性系）に対して一定の速度（等速度）で動いていると，止まっているときと変わらず，その中ではニュートンの運動の法則が成り立つ．一方，電車が地面（慣性系）に対して前方に加速すると，電車の内部では後ろ向きの力がはたらくように見え，車が内向きにカーブすると外向きの力がはたらくように見える．このような見かけの力は，これまで考えてきた力と同じようにニュートンの第2法則で扱うことができるだろうか？

6.1　並進座標系

まず，ある慣性系 S に対して相対速度 $\boldsymbol{v}_0(t)$ で並進運動（座標軸の向きを保ったままの運動）をしている別の座標系 S' を考える．図 6.1 のように，座標系 S と S' において，質点 A の位置ベクトルをそれぞれ $\boldsymbol{r}(t), \boldsymbol{r}'(t)$ とすると，

$$\boldsymbol{r}(t) = \boldsymbol{r}'(t) + \boldsymbol{r}_0(t) \tag{6.1}$$

が成り立つ．ここで，$\boldsymbol{r}_0(t)$ は座標系 S における時刻 t での S' の原点 O' の位

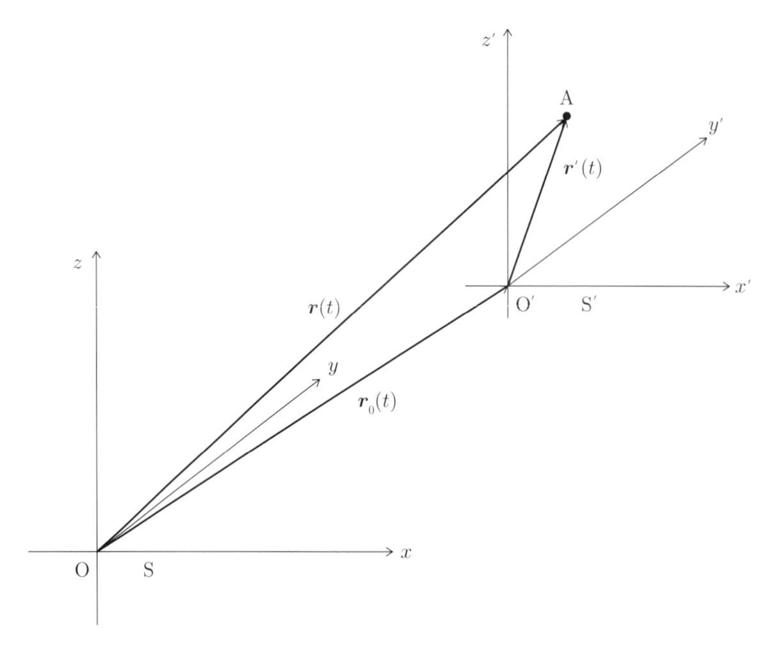

図 6.1　並進座標系

置ベクトルである．

両座標系で観測される質点の速度をそれぞれ $\boldsymbol{v}(t), \boldsymbol{v}'(t)$ とすると，(6.1) の両辺を時間 t で微分して，

$$\boldsymbol{v}(t) = \boldsymbol{v}'(t) + \boldsymbol{v}_0(t) \tag{6.2}$$

の関係があることがわかる．ここで，$\boldsymbol{v}_0(t)$ は座標系 S で観測される O′ の速度である．並進座標系を考えているので，$\boldsymbol{v}_0(t)$ は座標系 S′ の慣性系 S に対する速度ともいえる．(6.2) はニュートン力学における速度の合成則である．

両座標系での質点の加速度をそれぞれ $\boldsymbol{a}(t), \boldsymbol{a}'(t)$ とすると，(6.2) の両辺を時間 t で微分して，

$$\boldsymbol{a}(t) = \boldsymbol{a}'(t) + \frac{d\boldsymbol{v}_0(t)}{dt} \tag{6.3}$$

と結論される．$d\boldsymbol{v}_0(t)/dt$ は座標系 S′ の慣性系 S に対する加速度である．

慣性系 S では，質点の質量を m，質点に作用する力を $\boldsymbol{F}$ として，

$$m\boldsymbol{a}(t) = \boldsymbol{F} \tag{6.4}$$

というニュートンの運動方程式が成り立つので，これに (6.3) を代入すると，

$$m\left\{\boldsymbol{a}'(t) + \frac{d\boldsymbol{v}_0(t)}{dt}\right\} = \boldsymbol{F} \tag{6.5}$$

となる．

慣性系：特別な場合として，座標系の相対速度 $\boldsymbol{v}_0(t)$ が t に依存しない一定のベクトルである場合を考えよう．このとき，$d\boldsymbol{v}_0(t)/dt = 0$ なので，運動方程式は (6.5) より

$$m\boldsymbol{a}' = \boldsymbol{F} \tag{6.6}$$

となる．これは，慣性系 S における運動方程式 (6.4) と同じ形である．その結果，慣性の法則は両座標系で成り立ち，ある慣性系に対して等速直線運動をしている座標系も慣性系である．この事実は，地面でも，一定の速度で地面に対して動いている電車や飛行機の中でも，物体が同じように運動するという経験的事実と整合する．

慣性系に対して等速直線運動している座標系でも慣性系と同じ運動方程式が成り立つことを，**ガリレイの相対性原理** (Galilean principle of relativity) という．

非慣性系 (non-inertial frame)：座標系の相対速度 $\boldsymbol{v}_0(t)$ が t に依存する $d\boldsymbol{v}_0(t)/dt \neq 0$ の場合を考えよう．方程式 (6.5) は

$$m\boldsymbol{a}'(t) = \boldsymbol{F} - m\frac{d\boldsymbol{v}_0(t)}{dt} \tag{6.7}$$

と書き換えることができる．ここで，座標系 S$'$ では真の力 $\boldsymbol{F}$ に加えて見かけの力

$$\boldsymbol{F}' = -m\frac{d\boldsymbol{v}_0(t)}{dt} \tag{6.8}$$

がはたらくと考えれば，(6.7) は

$$m\boldsymbol{a}'(t) = \boldsymbol{F} + \boldsymbol{F}' \tag{6.9}$$

と書けるので，座標系 S′ でもニュートンの運動方程式が同じ形で成り立つ．ただし合力は $\boldsymbol{F}+\boldsymbol{F}'$ である．この見かけの力 $\boldsymbol{F}'$ を**慣性力** (inertial force) という．慣性力 $\boldsymbol{F}'$ は，大きさが $|m\,d\boldsymbol{v}_0(t)/dt|$ で，座標系 S′ の加速度 $d\boldsymbol{v}_0(t)/dt$ の向きと逆向きにはたらく力である．例えば，電車が前向きに加速すると，車中では慣性力が後ろ向きに引っ張る力として生じるように見えるのである．

例題 6.1

地表付近で自由落下している座標系で，ある瞬間に静止している物体がある．運動方程式を解き，この座標系でのこの質点のその後の運動を予測せよ．

解答

鉛直方向のみを考え，その下向きを正の向きとする．質量 m の物体は重力 $mg=F$ を受ける．一方，この座標系は加速度 g で自由落下しているので，慣性力は $F'=-mg$ である．よって，この座標系での運動方程式は，物体の加速度を a' とすると，

$$ma' = F + F' = mg - mg = 0$$

となるので，物体は自由落下している座標系では加速度をもたず，静止し続ける． ■

6.2　回転座標系

前節では，座標系 S′ が慣性系 S に対して並進運動している場合を考察した．本節では，慣性系 S に対して大きさ ω の角速度で回転している非慣性系 S* を考える[1]．簡単のために，S* の原点は慣性系 S に対して静止しているものとする．

このとき，座標系 S* の原点は回転軸上にある．そして，それは慣性系 S の原点と一致しているとする．そうしても以下の考察は一般性を失わない．慣性系で観測する運動は原点によらないので，慣性系 S の原点を座標系 S* の位置

---

[1] 回転座標系は並進座標系と異なるので回転座標系を S′ ではなく S* と記したが，それ以上の意味はない．

にずらせばよいからである.

まず, 回転を表すベクトルである角速度ベクトル $\boldsymbol{\omega}$ を定義しよう. ある軸のまわりの回転には 2 通りの向きがある. 第 4 章で平面内の回転について角速度を (4.21) で定義した. ここでは, 3 次元空間の任意の向きの回転を表すベクトルとして角速度ベクトル $\boldsymbol{\omega}$ を導入する. このベクトルの大きさは, 回転軸に垂直な面内の極座標における (4.21) の絶対値で表される. 大きさだから常に正である. 回転の向きは, ベクトル $\boldsymbol{\omega}$ の向きで表される. それは, 回転とともに右ネジが進む向きと定義する.

次に, 慣性系 S から見たとき角速度 $\boldsymbol{\omega}$ で回転する任意のベクトル $\boldsymbol{B}$ の時間変化率を求めよう. 図 6.2 のように, ベクトルの変化は始点を一致させて幾何学的に考える. 微小時間 Δt が経過したときの $\boldsymbol{B}$ の微小変化を $\Delta\boldsymbol{B}$ とすると, その大きさ $|\Delta\boldsymbol{B}|$ は図中の $\alpha, \Delta\theta$ を用いて

$$|\Delta\boldsymbol{B}| = (|\boldsymbol{B}|\sin\alpha)\,\Delta\theta \tag{6.10}$$

である. ここで

$$\Delta\theta = |\boldsymbol{\omega}|\,\Delta t \tag{6.11}$$

なので,

$$|\Delta\boldsymbol{B}| = (|\boldsymbol{B}|\sin\alpha)\,(|\boldsymbol{\omega}|\,\Delta t) = (|\boldsymbol{B}|\,|\boldsymbol{\omega}|\sin\alpha)\,(\Delta t) = |\boldsymbol{\omega}\times\boldsymbol{B}|\,\Delta t \tag{6.12}$$

と表すことができる. よって,

$$\left|\frac{d\boldsymbol{B}}{dt}\right| = |\boldsymbol{\omega}\times\boldsymbol{B}| \tag{6.13}$$

となる. また, $\Delta\boldsymbol{B}$ の向きは $\boldsymbol{\omega}$ の向きの定義より $\boldsymbol{\omega}\times\boldsymbol{B}$ の向きと一致する. したがって,

$$\frac{d\boldsymbol{B}}{dt} = \boldsymbol{\omega}\times\boldsymbol{B} \tag{6.14}$$

が成立する.

以上の準備をして, 任意のベクトル $\boldsymbol{A}$ とその時間変化が慣性系 S と回転座標系 S^* でどのように表されるかを考えよう.

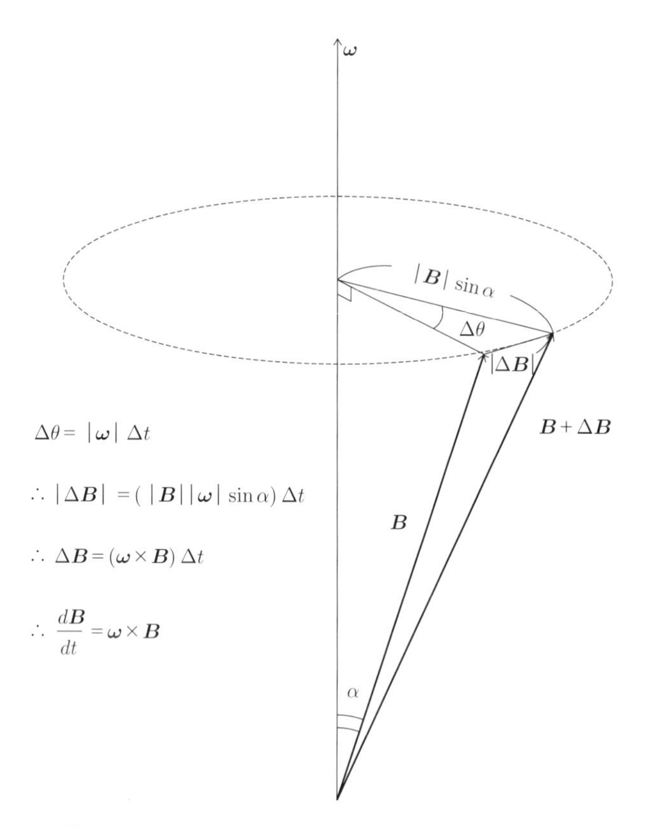

図 6.2　角速度 $\boldsymbol{\omega}$ で回転するベクトル $\boldsymbol{B}$ の時間変化率

慣性系 S の直交する座標軸の単位ベクトルが $\boldsymbol{e}_x, \boldsymbol{e}_y, \boldsymbol{e}_z$ で，S で観測する $\boldsymbol{A}$ の成分が A_x, A_y, A_z であるとすると，

$$\boldsymbol{A} = A_x\boldsymbol{e}_x + A_y\boldsymbol{e}_y + A_z\boldsymbol{e}_z \tag{6.15}$$

である．また，$\boldsymbol{e}_x, \boldsymbol{e}_y, \boldsymbol{e}_z$ が一定のベクトルなので，$\boldsymbol{A}$ の時間微分は

$$\frac{d\boldsymbol{A}}{dt} = \dot{A}_x\boldsymbol{e}_x + \dot{A}_y\boldsymbol{e}_y + \dot{A}_z\boldsymbol{e}_z \tag{6.16}$$

となる．なお，以下の記述における煩雑さを避けるために，関数 x の時間 t に関する微分 dx/dt としてニュートンの記号 $\dot{x}$ も併用した．

同様に，回転座標系 S* の直交する座標軸の単位ベクトルが $\boldsymbol{e}_x^*, \boldsymbol{e}_y^*, \boldsymbol{e}_z^*$ で，S* で観測する $\boldsymbol{A}$ の成分が A_x^*, A_y^*, A_z^* であるとすると，

$$\boldsymbol{A} = A_x^* \boldsymbol{e}_x^* + A_y^* \boldsymbol{e}_y^* + A_z^* \boldsymbol{e}_z^* \tag{6.17}$$

と表すことができる．慣性系 S で観測すると $\boldsymbol{e}_x^*, \boldsymbol{e}_y^*, \boldsymbol{e}_z^*$ は時間変化するベクトルなので，(6.17) のように表現した $\boldsymbol{A}$ の慣性系 S における時間微分は

$$\frac{d\boldsymbol{A}}{dt} = \dot{A}_x^* \boldsymbol{e}_x^* + \dot{A}_y^* \boldsymbol{e}_y^* + \dot{A}_z^* \boldsymbol{e}_z^* + A_x^* \dot{\boldsymbol{e}}_x^* + A_y^* \dot{\boldsymbol{e}}_y^* + A_z^* \dot{\boldsymbol{e}}_z^* \tag{6.18}$$

となる．

一方，回転座標系 S* では単位ベクトル $\boldsymbol{e}_x^*, \boldsymbol{e}_y^*, \boldsymbol{e}_z^*$ は時間変化しないので，この系で観測するベクトル $\boldsymbol{A}$ の時間微分を $d^*\boldsymbol{A}/dt$ と表すと，

$$\frac{d^*\boldsymbol{A}}{dt} = \dot{A}_x^* \boldsymbol{e}_x^* + \dot{A}_y^* \boldsymbol{e}_y^* + \dot{A}_z^* \boldsymbol{e}_z^* \tag{6.19}$$

となる．これは (6.18) 右辺の最初の 3 項である．

(6.18) の右辺にある残りの 3 項は，慣性系 S から見た $\boldsymbol{e}_x^*, \boldsymbol{e}_y^*, \boldsymbol{e}_z^*$ の時間変化に伴う項である．ここで，$\boldsymbol{e}_x^*, \boldsymbol{e}_y^*, \boldsymbol{e}_z^*$ は慣性系 S から見たとき回転座標系 S* とともに角速度 $\boldsymbol{\omega}$ で回転しているベクトルなので，(6.14) より

$$\dot{\boldsymbol{e}}_x^* = \frac{d\boldsymbol{e}_x^*}{dt} = \boldsymbol{\omega} \times \boldsymbol{e}_x^*, \quad \dot{\boldsymbol{e}}_y^* = \frac{d\boldsymbol{e}_y^*}{dt} = \boldsymbol{\omega} \times \boldsymbol{e}_y^*, \quad \dot{\boldsymbol{e}}_z^* = \frac{d\boldsymbol{e}_z^*}{dt} = \boldsymbol{\omega} \times \boldsymbol{e}_z^* \tag{6.20}$$

である．よって，

$$A_x^* \dot{\boldsymbol{e}}_x^* + A_y^* \dot{\boldsymbol{e}}_y^* + A_z^* \dot{\boldsymbol{e}}_z^* = \boldsymbol{\omega} \times \left(A_x^* \boldsymbol{e}_x^* + A_y^* \boldsymbol{e}_y^* + A_z^* \boldsymbol{e}_z^* \right) = \boldsymbol{\omega} \times \boldsymbol{A} \tag{6.21}$$

である．

したがって，(6.18)，(6.19)，(6.21) より

$$\frac{d\boldsymbol{A}}{dt} = \frac{d^*\boldsymbol{A}}{dt} + \boldsymbol{\omega} \times \boldsymbol{A} \tag{6.22}$$

という等式が一般のベクトル $\boldsymbol{A}$ について成り立つ．

さて，$\boldsymbol{A}$ を質点の位置ベクトル $\boldsymbol{r}$ とし，慣性系 S と回転座標系 S* で観測するその質点の速度をそれぞれ $\boldsymbol{v}, \boldsymbol{v}^*$ とすると，(6.22) より

$$\boldsymbol{v} = \frac{d\boldsymbol{r}}{dt} = \frac{d^*\boldsymbol{r}}{dt} + \boldsymbol{\omega} \times \boldsymbol{r} = \boldsymbol{v}^* + \boldsymbol{\omega} \times \boldsymbol{r} \tag{6.23}$$

を得る．さらに (6.22) において $\boldsymbol{A}$ を速度 $\boldsymbol{v}$ とすると，(6.23) より，慣性系 S で観測する質点の加速度 $\boldsymbol{a}$ と回転座標系 S* で観測する加速度 $\boldsymbol{a}^*$ の関係は，

$$\begin{aligned}\boldsymbol{a} = \frac{d\boldsymbol{v}}{dt} = \frac{d^*\boldsymbol{v}}{dt} + \boldsymbol{\omega} \times \boldsymbol{v} &= \frac{d^*}{dt}(\boldsymbol{v}^* + \boldsymbol{\omega} \times \boldsymbol{r}) + \boldsymbol{\omega} \times (\boldsymbol{v}^* + \boldsymbol{\omega} \times \boldsymbol{r}) \\ &= \frac{d^*\boldsymbol{v}^*}{dt} + \frac{d^*\boldsymbol{\omega}}{dt} \times \boldsymbol{r} + \boldsymbol{\omega} \times \frac{d^*\boldsymbol{r}}{dt} + \boldsymbol{\omega} \times (\boldsymbol{v}^* + \boldsymbol{\omega} \times \boldsymbol{r}) \\ &= \boldsymbol{a}^* + \frac{d^*\boldsymbol{\omega}}{dt} \times \boldsymbol{r} + 2\boldsymbol{\omega} \times \boldsymbol{v}^* + \boldsymbol{\omega} \times (\boldsymbol{\omega} \times \boldsymbol{r})\end{aligned} \tag{6.24}$$

となる．ここで，$\boldsymbol{\omega}$ が一定のベクトルの場合を考えると，(6.24) の最後の等式の右辺第 2 項は 0 となり

$$\boldsymbol{a} = \boldsymbol{a}^* + 2\boldsymbol{\omega} \times \boldsymbol{v}^* + \boldsymbol{\omega} \times (\boldsymbol{\omega} \times \boldsymbol{r}) \tag{6.25}$$

が成り立つ．そこで (6.25) を慣性系 S での運動方程式 (6.4) に代入すると，

$$m\boldsymbol{a}^* = \boldsymbol{F} + 2m\boldsymbol{v}^* \times \boldsymbol{\omega} + m\boldsymbol{\omega} \times (\boldsymbol{r} \times \boldsymbol{\omega}) \tag{6.26}$$

を得る．これが一定の角速度ベクトル $\boldsymbol{\omega}$ で静止した原点のまわりに回転する座標系 S* における運動方程式である．右辺の第 2 項と第 3 項は回転する S* 系での質点の運動を運動方程式で扱おうとするときに余分に加える必要のある見かけの力，すなわち慣性力である．第 2 項は**コリオリ力** (Coriolis force)，第 3 項は**遠心力** (centrifugal force) とよばれている．

$$(\text{コリオリ力}) = 2m\boldsymbol{v}^* \times \boldsymbol{\omega}, \quad (\text{遠心力}) = m\boldsymbol{\omega} \times (\boldsymbol{r} \times \boldsymbol{\omega})$$

コリオリ力は，回転座標系で動く質点の速度に依存する力で，その速度と回転座標系の角速度の両方に垂直な向きをもつ．$\boldsymbol{\omega}$ と $\boldsymbol{v}^*$ が垂直ならば，その大きさは $2mv^*\omega$ である．遠心力は，回転座標系での速度に関係なくはたらく力で，回転軸上の原点からの位置ベクトル $\boldsymbol{r}$ に依存する．一定の角速度をもつ回

転座標系 S* で静止している質点にはたらく合力はゼロである．この質点を慣性系で観測すると等速円運動するので，第 2 章の 2.2 節で説明したように，質点には向心力がはたらく．したがって，この場合，回転座標系ではたらく遠心力は向心力と同じ大きさで逆の向きをもつ（章末問題 6.1 参照）．

例題 6.2

慣性系において，力を受けずに $\boldsymbol{e}_x$ の向きに等速直線運動する質点が，時刻 0 に速さ v_0 で原点を通り過ぎた．同じ原点を中心として角速度 $\boldsymbol{\omega} = \omega \boldsymbol{e}_z$ で回転する座標系で時刻 t に観測するこの質点の速さ求めよ．

解答

(6.23) において，

$$\boldsymbol{v} = v_0 \boldsymbol{e}_x$$

$$\boldsymbol{\omega} \times \boldsymbol{r} = \omega \boldsymbol{e}_z \times v_0 t \boldsymbol{e}_x = \omega v_0 t \boldsymbol{e}_y$$

なので，

$$\boldsymbol{v}^* = \boldsymbol{v} - \boldsymbol{\omega} \times \boldsymbol{r} = v_0 \boldsymbol{e}_x - \omega v_0 t \boldsymbol{e}_y$$

である．したがって，回転座標系で観測するこの質点の速さは

$$|\boldsymbol{v}^*| = \sqrt{v_0^2 + (-\omega v_0 t)^2} = v_0 \sqrt{1 + (\omega t)^2}$$

と求めることができる．

回転座標系における運動方程式 (6.26) を解くことによっても同じ結果を得る．

■

例題 6.3

水平面上の円盤が，その中心を通る鉛直線を回転軸として，上から見て反時計まわりに 1 秒間に 2 回転している．その円盤の中心から，速さ 5 m/s で質量 100 g のボールを円盤に対して平行に投げた．円盤の中心を原点として円盤とともに回転する座標系で観測する場合，投げられた直後にそのボールが受けるコリオリ力を求めよ．

解答

ボールの速度 $\boldsymbol{v}^*$ が円盤と平行である限り，どちらを向いていても円盤の $\boldsymbol{\omega}$ と直交しているので，質量 m の物体にはたらくコリオリ力は，ボールの運動方向に垂直で進行方向に対して右向き，その大きさ F は $F = 2mv^*\omega$ である．ここで，$m = 0.1\,\mathrm{kg}$, $v^* = 5\,\mathrm{m/s}$, $\omega = 4\pi\,\mathrm{rad/s}$ なので，$F = 2\times0.1\times5\times4\pi\,\mathrm{N} = 12.6\,\mathrm{N}$ と求まる． ■

例題 6.4

静止衛星は，地球の赤道上空にあって地球の自転周期と同じ周期で地球を周回している．この静止衛星の高度を，地球の中心を原点とする地球に固定した回転座標系で考え，第5章の例題 5.1 の結果と一致することを確かめよ．

解答

宇宙から観測すると，静止衛星は地球の自転角速度と同じ角速度で，地球の赤道上空を地球の中心のまわりに公転している．地球の中心を原点とする地球に固定した回転座標系では，静止衛星は動かないので，静止衛星にコリオリ力がはたらかず，遠心力と万有引力の合力が 0 である．すなわち，(6.26) において，$\boldsymbol{F}$ を静止衛星にはたらく万有引力，m を静止衛星の質量，$\boldsymbol{r}$ を静止衛星の位置ベクトル，$\boldsymbol{\omega}$ を地球の自転角速度ベクトルとして

$$\boldsymbol{F} + m\boldsymbol{\omega} \times (\boldsymbol{r} \times \boldsymbol{\omega}) = 0$$

である．(5.1) より，地球の質量を M，万有引力定数を G とすると $\boldsymbol{F} = -GMm\boldsymbol{r}/r^3$ と表せる．また，$\boldsymbol{\omega}$ と $\boldsymbol{r}$ が垂直なので $m\boldsymbol{\omega} \times (\boldsymbol{r} \times \boldsymbol{\omega}) = m\omega^2\boldsymbol{r}$ である．その結果，

$$-\frac{GMm\boldsymbol{r}}{r^3} + m\omega^2\boldsymbol{r} = 0$$

が成り立つので

$$r^3 = \frac{GM}{\omega^2}$$

である．したがって，第5章の例題 5.1 に対する解答の結果と一致し，静止衛星の高度は $3.6 \times 10^4\,\mathrm{km}$ と求まる． ■

コラム：加速座標系

静止している列車 A に乗って車窓から横を眺めると，隣の車線の列車 B がスピードを上げて走り去った．列車 A から観測すると列車 B は加速度をもって動いていることになる．しかしながら，列車 B から列車 A を観測すると，列車 A は反対方向に加速度をもって動いているように見えるだろう．ということは，どちらの列車から観測しても他方の列車は加速度をもって動いていることになる．この場合，慣性系に対して加速度をもっている加速座標系はどちらの列車であろうか？

それを見分けるためには，それぞれの列車の中で天井から吊るされたおもりを観測すればよい．もし列車が慣性系なら，おもりは重力と吊した糸の張力しか受けないので，糸は鉛直線上にあるはずである．もし列車が加速座標系なら，おもりは慣性力を受けるので，糸は鉛直方向から傾くはずである．このように，観測すると加速度をもって動く座標系が常に加速座標系とはいえず，その真偽は慣性力の有無を調べることによって決定される．

章末問題

6.1 水平面上の原点につながれた長さ r の糸の先に結ばれた質量 m の小さな物体が，糸を張ってその面上を速さ v で等速円運動している．このとき，糸は大きさが mv^2/r の力で質点を引っ張っている．物体が静止して見える回転座標系の運動方程式 (6.26) を用いてこの事実を示せ．

6.2 地球の中心を原点として，地軸のまわりに地球の自転角速度で回転している座標系では，地球の自転による遠心力がはたらく．赤道上の地表付近において，小さな物体にはたらく重力の大きさとその遠心力の大きさとの比を求めよ．

6.3 赤道上に立っている高い塔の上から小さな物体を静かに落とす場合，物体の地表面での落下位置は真下からどの方向にずれるかを答えよ．ただし，「真下」とは落とす際の物体の中心を通る鉛直線と地表面との交点を意味し，空気の影響は無視できるとする．

第7章 2体問題と惑星の運動

これまでは一つの質点の運動を主に学習した．本章では，相互作用する二つの質点の運動を考察し，惑星の運動に応用する．なお，実際の小物体の大きさが無視できる場合でも，小物体の内部構造が関係する現象を考えるときは質点ではなく粒子という名称を用いる．

7.1 2体問題

二つ以上の質点の運動を同時に扱うとき，質点をまとめて**質点系** (system of particles) という．二つの質点からなる質点系（2体系）は最も簡単な質点系で，その運動を問うことを**2体問題** (two-body problem) という．

7.1.1 重心と相対座標

外からの力（**外力** (external force)）に加えて，互いに相手の方向に力を及ぼし合う二つの質点 A, B を考える．図 7.1 のように，それらの質量をそれぞれ m_1, m_2，原点を O とする慣性系におけるそれらの位置ベクトルをそれぞれ $\boldsymbol{r}_1, \boldsymbol{r}_2$，それらが受ける外力をそれぞれ $\boldsymbol{F}_1, \boldsymbol{F}_2$，そして互いに作用する力（**内力** (internal force)）が質点間の距離だけに依存するとして，その大きさを $f(r)$ (>0) としよう．また，A に対する B の相対座標 $\boldsymbol{r}$ を

$$\boldsymbol{r} = \boldsymbol{r}_2 - \boldsymbol{r}_1 \tag{7.1}$$

で定義する．その大きさ，すなわち 2 質点の間の距離は $r = |\boldsymbol{r}_2 - \boldsymbol{r}_1|$ である．

以下では，内力が引力であるとしよう（内力が斥力である場合は，以下の式

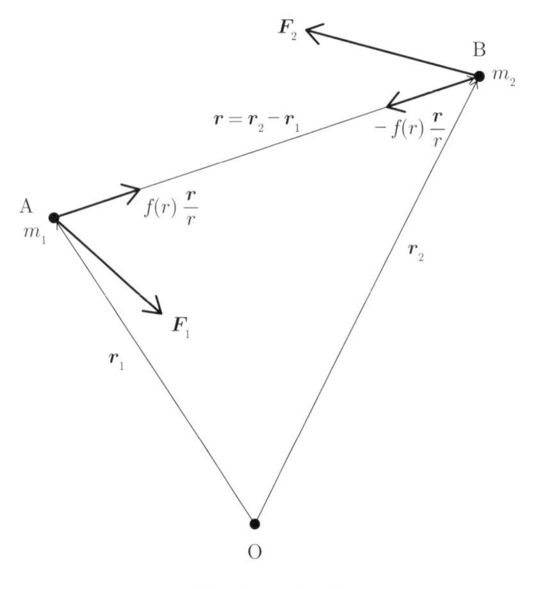

図 7.1　2 体問題

中で $f(r)$ を $-f(r)$ に置き換えればよい). 質点 A が受ける内力は $\boldsymbol{r}$ の方を向いているから, 運動方程式は

$$m_1\frac{d^2\boldsymbol{r}_1}{dt^2}=f(r)\frac{\boldsymbol{r}}{r}+\boldsymbol{F}_1 \tag{7.2}$$

である. 一方, 質点 B が受ける内力は作用・反作用の法則より $-\boldsymbol{r}$ の方を向いているから

$$m_2\frac{d^2\boldsymbol{r}_2}{dt^2}=-f(r)\frac{\boldsymbol{r}}{r}+\boldsymbol{F}_2 \tag{7.3}$$

と表現できる. (7.2) と (7.3) の左辺と右辺を加え合わせると

$$\frac{d^2\left(m_1\boldsymbol{r}_1+m_2\boldsymbol{r}_2\right)}{dt^2}=\boldsymbol{F}_1+\boldsymbol{F}_2 \tag{7.4}$$

したがって, $\boldsymbol{r}_{\mathrm{G}}$ を

$$\boldsymbol{r}_{\mathrm{G}}=\frac{m_1\boldsymbol{r}_1+m_2\boldsymbol{r}_2}{m_1+m_2} \tag{7.5}$$

と定義すると, $m_1\boldsymbol{r}_1+m_2\boldsymbol{r}_2=(m_1+m_2)\,\boldsymbol{r}_{\mathrm{G}}$ なので

$$(m_1 + m_2)\frac{d^2 \boldsymbol{r}_{\mathrm{G}}}{dt^2} = \boldsymbol{F}_1 + \boldsymbol{F}_2 \tag{7.6}$$

を満たす．$\boldsymbol{r}_{\mathrm{G}}$ を位置ベクトルとする点は 2 質点の**重心** (center of gravity) または**質量中心** (center of mass) とよばれる．(7.6) より，2 質点の重心は，外力の合力（全外力）のみを受けている質量 $m_1 + m_2$ の 1 個の質点と同じ運動をすることがわかる．特に，合力 $\boldsymbol{F}_1 + \boldsymbol{F}_2$ が 0 の場合，重心は静止も含めた等速直線運動を行う．

3 次元空間において一つの質点の位置は，x, y, z の三つの座標によって指定できる．このことを 1 質点の**自由度** (degree of freedom) は 3 であるという．この場合，x, y, z を決定する方程式が三つあればよい．実際，1 質点に対する運動方程式 (2.1) はベクトルに対する方程式なので，成分で考えると方程式が三つある．質点の自由度と運動方程式の数が一致すると運動が決まるのである．この事実に注意すると，2 質点の自由度は 6 なので (7.2) と (7.3) の 6 個の方程式で記述できる．しかしながら，これらとは異なる 6 個の方程式でもよい．すでに (7.6) を得たので，これに加えて，運動に関するもう一つ別の 3 次元ベクトルの時間変化がわかれば質点系の運動が決まるはずである．そこで，その別のベクトルとして (7.1) の相対座標 $\boldsymbol{r}$ を考えよう．(7.1) と (7.5) から，2 体問題の重心 $\boldsymbol{r}_{\mathrm{G}}$ と相対座標 $\boldsymbol{r}$ が各時刻でわかれば，A, B の位置ベクトルは

$$\boldsymbol{r}_1 = \boldsymbol{r}_{\mathrm{G}} - \frac{m_2}{m_1 + m_2}\boldsymbol{r} \tag{7.7}$$

$$\boldsymbol{r}_2 = \boldsymbol{r}_{\mathrm{G}} + \frac{m_1}{m_1 + m_2}\boldsymbol{r} \tag{7.8}$$

によって与えられる．相対座標 $\boldsymbol{r}$ の満たす方程式は，(7.1)，(7.2)，(7.3) より

$$\begin{aligned} \frac{d^2 \boldsymbol{r}}{dt^2} &= \frac{d^2(\boldsymbol{r}_2 - \boldsymbol{r}_1)}{dt^2} = \frac{d^2 \boldsymbol{r}_2}{dt^2} - \frac{d^2 \boldsymbol{r}_1}{dt^2} \\ &= -\left(\frac{1}{m_1} + \frac{1}{m_2}\right) f(r)\frac{\boldsymbol{r}}{r} + \frac{\boldsymbol{F}_2}{m_2} - \frac{\boldsymbol{F}_1}{m_1} \end{aligned} \tag{7.9}$$

である．

ここで，外力がない ($\boldsymbol{F}_1 = 0$, $\boldsymbol{F}_2 = 0$) 場合を考える．

$$\mu = \left(\frac{1}{m_1} + \frac{1}{m_2} \right)^{-1} = \frac{m_1 m_2}{m_1 + m_2} \tag{7.10}$$

とおけば（μ は動摩擦係数ではないことに注意），(7.9) は

$$\mu \frac{d^2 \boldsymbol{r}}{dt^2} = -f(r) \frac{\boldsymbol{r}}{r} \tag{7.11}$$

と書き直せる．これは，A に対する B の運動が，A が固定されていて B の質量が μ となったと考えて求まることを意味している．この μ を**換算質量** (reduced mass) という．B に対する A の運動は，$\boldsymbol{r}$ を $-\boldsymbol{r}$ に置き換えれば求まるので，方程式は (7.11) と同じ形になる．同様に，B が固定されていて A の質量が μ になったと考えることができるのである．

2 質点の質量が極端に異なる場合，換算質量は小さい方の質量にほぼ等しい．すなわち，$m_1 \gg m_2$ のとき，(7.10) より $\mu = m_2/(1 + m_2/m_1) \fallingdotseq m_2$ と近似できる．太陽と地球の運動は，近似的に他の惑星の影響を無視すれば 2 体問題として考えることができる．この場合，太陽から見た地球の運動は，換算質量が地球の質量にほぼ等しくなるので，太陽を固定して考えてよいのである．上に述べたことから，地球から見た太陽の運動も，換算質量は同じだから，地球を固定して太陽の質量を地球の質量にほぼ等しいとみなして説明することができる．

例題 7.1

地表付近において，時刻 0 のとき，質量 m_1, m_2 をもつ 2 個の質点がそれぞれ位置 (x_1, y_1, h_1)，(x_2, y_2, h_2) から鉛直下向きに速さ v_1, v_2 で落下し始めた．時刻 t におけるこの 2 体系の重心の座標 (x_G, y_G, z_G) を求めよ．ただし，z 軸の向きは鉛直上向き，その原点は地表とし，重力加速度の大きさを g とする．

解答

2 質点の x, y 座標は時間変化せず一定である．一方，2 質点の z 座標 z_1, z_2 は，第 2 章の 2.2 節の (2.6) で学んだように，

$$z_1 = -\frac{1}{2}gt^2 - v_1 t + h_1, \quad z_2 = -\frac{1}{2}gt^2 - v_2 t + h_2$$

である．したがって，(7.5) より

$$x_{\rm G} = \frac{m_1 x_1 + m_2 x_2}{m_1 + m_2}, \quad y_{\rm G} = \frac{m_1 y_1 + m_2 y_2}{m_1 + m_2},$$

$$\begin{aligned} z_{\rm G} &= \frac{m_1 z_1 + m_2 z_2}{m_1 + m_2} = -\frac{1}{2}gt^2 + \frac{-(m_1 v_1 + m_2 v_2)\,t + (m_1 h_1 + m_2 h_2)}{m_1 + m_2} \\ &= -\frac{1}{2}gt^2 - \frac{m_1 v_1 + m_2 v_2}{m_1 + m_2}t + \frac{m_1 h_1 + m_2 h_2}{m_1 + m_2} = -\frac{1}{2}gt^2 - v_{\rm G0}t + z_{\rm G0} \end{aligned}$$

と求まる．ここで，$v_{\rm G0}$ と $z_{\rm G0}$ はそれぞれ初期 $(t=0)$ における重心の速さと z 座標である．■

7.1.2　2 粒子の衝突

ここで，図 7.2 のように二つの粒子が衝突する場合を考えよう．二つの粒子それぞれの質量を m_1, m_2，運動量を $\boldsymbol{p}_1, \boldsymbol{p}_2$，衝突直前の速度を $\boldsymbol{v}_1, \boldsymbol{v}_2$，衝突直後の速度を $\boldsymbol{v}_1', \boldsymbol{v}_2'$ とする．衝突の際にはたらく撃力は図 5.8 のように短時間に大きく変化する．質量 m_1 の粒子に質量 m_2 の粒子からはたらく撃力を $\boldsymbol{F}(\boldsymbol{t})$ とすると，各瞬間で作用・反作用の法則が成り立っているので，運動方程式は

$$\frac{d\boldsymbol{p}_1}{dt} = \boldsymbol{F}(\boldsymbol{t}) \tag{7.12}$$

$$\frac{d\boldsymbol{p}_2}{dt} = -\boldsymbol{F}(\boldsymbol{t}) \tag{7.13}$$

衝突直前

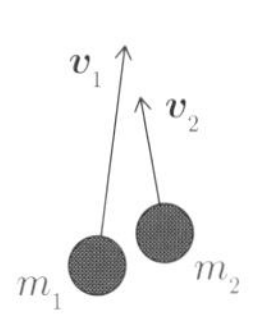

衝突直後

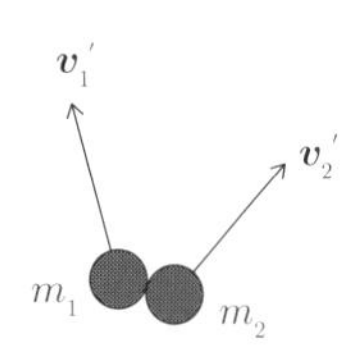

図 7.2　2 粒子の衝突

と書ける．この結果，(2.24) と同様に，それぞれの粒子の衝突直前と直後の運動量変化として，

$$m_1 (\boldsymbol{v}_1' - \boldsymbol{v}_1) = \int_{t_1}^{t_2} \boldsymbol{F}(\boldsymbol{t}) dt \tag{7.14}$$

$$m_2 (\boldsymbol{v}_2' - \boldsymbol{v}_2) = -\int_{t_1}^{t_2} \boldsymbol{F}(\boldsymbol{t}) dt \tag{7.15}$$

を得る．

(7.14) と (7.15) を辺々加えると，$m_1 (\boldsymbol{v}_1' - \boldsymbol{v}_1) + m_2 (\boldsymbol{v}_2' - \boldsymbol{v}_2) = 0$，すなわち

$$\boldsymbol{m_1 v_1' + m_2 v_2' = m_1 v_1 + m_2 v_2} \tag{7.16}$$

となり，2 粒子の運動量の和（全運動量）は衝突の直前と直後で保存する．この計算では外力を無視したが，もし外力がはたらく場合も，撃力が外力に比べて十分大きければ，衝突の直前と直後で全運動量が近似的に保存する．

特に，衝突前に粒子 B が静止しているときは，

$$m_1 \boldsymbol{v}_1' + m_2 \boldsymbol{v}_2' = m_1 \boldsymbol{v}_1 \tag{7.17}$$

が成り立つ．

一方，2 粒子の運動エネルギーの和（全運動エネルギー）

$$K = \frac{1}{2} m_1 v_1^2 + \frac{1}{2} m_2 v_2^2 \tag{7.18}$$

は衝突の前後で保存するとは限らない．

第 5 章の 5.3.2 項で，1 質点（粒子）が固定された面に衝突する現象を考察した．そして，衝突前後のエネルギー変化によって弾性衝突や非弾性衝突に分類し，はねかえりの係数を導入した．

2 粒子の衝突についても，衝突の直前と直後で運動エネルギーが保存されるときにその衝突を弾性衝突とよぶ．それ以外の場合を非弾性衝突とよぶ．特に，衝突による運動エネルギーの減少（散逸）が最大となる場合を完全非弾性衝突とよぶ．

衝突が直線上で起きる場合も，(7.16) のみでは，衝突後の速度成分 v_1', v_2' は

衝突前の速度成分 v_1, v_2 を与えても決まらない．それらは衝突によって系の力学的エネルギーがどの程度減少（散逸）するかによるからである．そこで，2 粒子が直線上で衝突する前後の相対速度の大きさの比として，はねかえりの係数（反発係数）e を定義する．すなわち

$$e = \left| \frac{v_2' - v_1'}{v_2 - v_1} \right| \tag{7.19}$$

である．このように定義されたはねかえりの係数 e は (5.67) の拡張になっていることに注意しよう．

第 5 章の 5.3.2 項同様，衝突後の運動エネルギーは衝突前より大きくはならないので，

$$0 \leq e \leq 1 \tag{7.20}$$

である．そして，弾性衝突は $e = 1$，非弾性衝突は $0 \leq e < 1$，完全非弾性衝突は $e = 0$ に対応する．特に完全非弾性衝突では，$e = 0$ が $v_2' = v_1'$ を意味するので，衝突後の 2 粒子は衝突後に一体となって運動する．これらの事項を次の例題 7.2 で確かめよう．

例題 7.2

二つの粒子が直線上で衝突する場合，衝突前後の運動エネルギー変化を求めよ．

解答

二つの粒子の質量を m_1, m_2，衝突前の速度成分を v_1, v_2，衝突後の速度成分を v_1', v_2' とする．まず，運動量の保存則 (7.16) より，

$$m_1 v_1' + m_2 v_2' = m_1 v_1 + m_2 v_2$$

が成り立つ．この等式を用いると，

$$\begin{aligned} v_1' &= \frac{1}{m_1 + m_2} \left\{ m_1 v_1' + m_2 v_2' + m_2 \left(v_1' - v_2' \right) \right\} \\ &= \frac{1}{m_1 + m_2} \left\{ m_1 v_1 + m_2 v_2 + m_2 \left(v_1' - v_2' \right) \right\} \\ &= \frac{1}{m_1 + m_2} \left[\left(m_1 + m_2 \right) v_1 + m_2 \left\{ \left(v_2 - v_1 \right) + \left(v_1' - v_2' \right) \right\} \right] \end{aligned}$$

$$= v_1 - \frac{m_2}{m_1+m_2}\left(1+\frac{v_2'-v_1'}{v_1-v_2}\right)(v_1-v_2)$$

と表すことができる．同様にして，

$$v_2' = v_2 + \frac{m_1}{m_1+m_2}\left(1+\frac{v_2'-v_1'}{v_1-v_2}\right)(v_1-v_2)$$

と書ける．したがって，衝突前後の運動エネルギー変化 ΔE は，

$$\begin{aligned}
\Delta E &= \frac{1}{2}m_1v_1'^2 + \frac{1}{2}m_2v_2'^2 - \left(\frac{1}{2}m_1v_1^2+\frac{1}{2}m_2v_2^2\right)\\
&= -\frac{1}{2}\frac{m_1m_2}{m_1+m_2}\left\{2\left(1+\frac{v_2'-v_1'}{v_1-v_2}\right)-\left(1+\frac{v_2'-v_1'}{v_1-v_2}\right)^2\right\}(v_1-v_2)^2\\
&= -\frac{1}{2}\frac{m_1m_2}{m_1+m_2}\left(1+\frac{v_2'-v_1'}{v_1-v_2}\right)\left(1-\frac{v_2'-v_1'}{v_1-v_2}\right)(v_1-v_2)^2\\
&= -\frac{1}{2}\frac{m_1m_2}{m_1+m_2}\left\{1-\left(\frac{v_2'-v_1'}{v_2-v_1}\right)^2\right\}(v_1-v_2)^2\\
&= -\frac{1}{2}\frac{m_1m_2}{m_1+m_2}\left(1-e^2\right)(v_1-v_2)^2
\end{aligned}$$

と，(7.19) で定義されるはねかえりの係数 e を用いて表せる．一般に $\Delta E \le 0$ なので，上式より

$$1-e^2 \ge 0$$

である．ここで，定義より e は負とならないので

$$0 \le e \le 1$$

が結論される．また，$|\Delta E|$ は，$e=1$ で最小 (0)，$e=0$ で最大となるので，弾性衝突は $e=1$，非弾性衝突は $0 \le e < 1$，完全非弾性衝突は $e=0$ に対応することがわかる． ■

7.2 惑星の運動

ヨハネス・ケプラー (Johannes Kepler, 1571 – 1630) は，師であったティコ・

ブラーエ (Tycho Brahe) の死後，彼の観測データを解析して，太陽のまわりを公転する惑星運動に関して次の三つの法則を発見した．

第 1 法則　惑星は太陽を焦点の一つとする楕円軌道を描く．

第 2 法則　太陽と惑星を結ぶ線分が単位時間に掃過する面積（面積速度）は一定である．

第 3 法則　惑星が太陽のまわりを回転する公転周期の 2 乗は楕円軌道の長半径の 3 乗に比例する．

以上を**ケプラーの法則** (Kepler's laws) とよぶ．第 1 法則における楕円軌道の形と第 2 法則における面積速度の値は惑星ごとに異なるが，第 3 法則における比例係数は惑星によらない定数である．

ケプラーの法則は運動方程式 (7.11) と万有引力 (5.1) からすべて説明できるが，本節では第 2 法則のみ導出しよう．

一つの惑星は太陽やその他の惑星から万有引力を受けている．ただし，太陽の質量が諸惑星の質量に比べて非常に大きいため，太陽からの力が他の惑星からの力よりはるかに大きい．そこで，他の惑星からの力を無視すると，7.1 節で説明した 2 体問題として考えることができる．注目する惑星と太陽の質量をそれぞれ m, M とし，(7.10) によって換算質量を μ とする．このとき，太陽に対する惑星の相対座標 $\boldsymbol{r}$ は太陽を原点とした惑星の位置ベクトルである．そして，(7.11) において

$$f(r) = G\frac{mM}{r^2}$$

だから

$$\mu\frac{d^2\boldsymbol{r}}{dt^2} = -G\frac{mM}{r^2}\frac{\boldsymbol{r}}{r} \tag{7.21}$$

が成り立つ．ここで定数 k を

$$k \equiv \frac{GmM}{\mu} = G(m+M) \tag{7.22}$$

と定義すると，(7.21) は

$$\frac{d^2\boldsymbol{r}}{dt^2} = -\frac{k}{r^3}\boldsymbol{r} \tag{7.23}$$

と整理できる．

さて，原点に位置する太陽からの万有引力は中心力なので，第4章の4.4節で学んだように，惑星は原点を含む平面上を運動する．そこで，位置ベクトル $\boldsymbol{r}$ を2次元極座標 (r, φ) で表そう．運動方程式 (7.23) の r 方向成分と φ 方向成分は，(4.17) より，それぞれ

$$\frac{d^2 r}{dt^2} - r\left(\frac{d\varphi}{dt}\right)^2 = -\frac{k}{r^2} \tag{7.24}$$

$$2\frac{dr}{dt}\frac{d\varphi}{dt} + r\frac{d^2\varphi}{dt^2} = \frac{1}{r}\frac{d}{dt}\left(r^2\frac{d\varphi}{dt}\right) = 0 \tag{7.25}$$

である．(7.25) の第1等式が成り立つことは，その右辺を計算すれば簡単に確かめることができる．(7.25) の第2等式より，h を定数として

$$r^2\frac{d\varphi}{dt} = h \tag{7.26}$$

が結論される．(4.14) に示されたように2次元極座標における速度の φ 成分は $r\,d\varphi/dt$ なので，(7.26) は太陽を原点とする惑星の角運動量 $mr(r\,d\varphi/dt)$ の保存を意味している．これは，第4章の4.4節で指摘された中心力を受ける運動の一般的性質である．実は，この保存則こそがケプラーの第2法則なのだ．図7.3に示されているように，動径が単位時間に掃過する面積（面積速度）は $\lim_{\Delta t\to 0}\left(r^2\Delta\varphi/\Delta t\right)/2 = \left(r^2 d\varphi/dt\right)/2$ であり，(7.26) によりそれは一定値 $h/2$ となるからである．

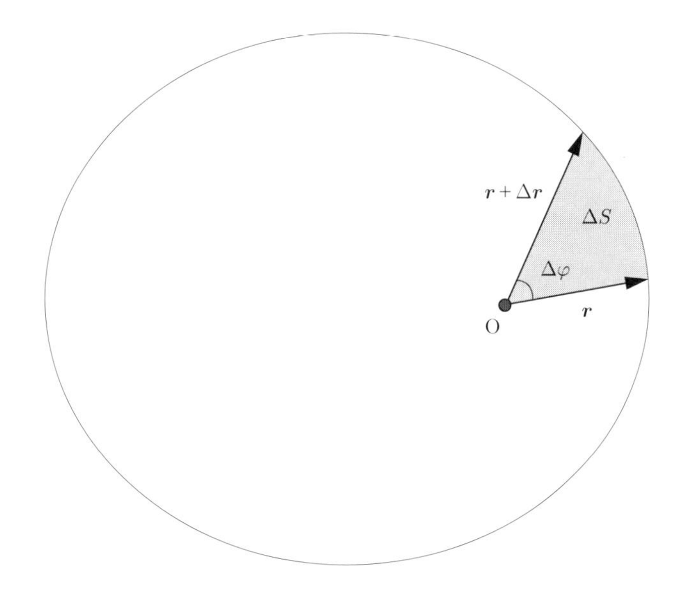

$$\Delta S = \frac{1}{2} r^2 \Delta\varphi$$

$$\text{面積速度}\quad \frac{\Delta S}{\Delta t} = \frac{1}{2} r^2 \frac{\Delta\varphi}{\Delta t} \longrightarrow \frac{1}{2} r^2 \frac{d\varphi}{dt} \quad (\Delta t \to 0)$$

図 7.3　面積速度

コラム：地動説とケプラーの法則

天は地球を中心としてまわっているという天動説は，紀元前の古代から長い間信奉されていたが，16 世紀はじめ，ポーランドのニコラウス・コペルニクス (Nicolaus Copernicus, 1473 – 1543) によって，太陽を中心として惑星がまわっているという思考の転回がなされ，地動説が生まれた．そう考える方が惑星運動を簡単に理解できることに気づいたのである．その半世紀ほど後に活躍したケプラーは，師匠のブラーエからもらった惑星運動の莫大な観測データを地動説の視点から詳しく研究した結果，本文で説明したケプラーの法則を見出した．ケプラーの 3 法則は天動説というものの見方では決して発見できなかったと思われる．

ニュートンの運動法則と万有引力から，ケプラーの第 2 法則のみならず，第1法則も第3法則も導くことができる．また逆に，ケプラーの3法則とニュートンの運動法則から太陽と惑星の間には距離の2乗に反比例する力（万有引力）がはたらいていることを結論することもできる．

「コペルニクス的転回」によってケプラーの法則が発見され，その結果として万有引力が見い出され，そして運動法則が確立された．ものの見方がいかに重要であるかを示す典型的な例であろう．

章末問題

7.1 2質点の換算質量は，2質点がもつ質量の相加平均の半分より大きくないことを示せ．

7.2 一定の速さ v で x 軸の正方向に等速直線運動する質量 m_1 の粒子Aが前方で静止している質量 m_2 の粒子Bに衝突した直後，Aの速度の x 成分は v_1，Bの速度の x 成分は v_2 となった．衝突が直線上で起きるとして，v_1, v_2 を m_1, m_2, v, e を用いて表せ．ただし，e ははねかえりの係数（反発係数）である．また，弾性衝突の場合は $e = 1$，完全非弾性衝突の場合は $e = 0$ となることを示せ．

7.3 惑星の公転軌道が円となる場合にケプラーの3法則が成り立つことを確認せよ．

第 8 章 質点系の力学

運動する複数の質点の集まりを質点系とよぶ．本章では質点系の力学を考える．質点系の力学は次章で考察する変形しない物体の力学の基礎となるが，それよりも多様な運動を取り扱うことができる．

8.1 重心

N 個の質点からなる質点系における各質点の質量を m_i，位置ベクトルを $\boldsymbol{r}_i$ $(i = 1, 2, \ldots, N)$ としよう．このとき，各質量の総計である質点系の全質量を

$$M = \sum_{i=1}^{N} m_i \tag{8.1}$$

とし，

$$M\boldsymbol{r}_{\mathrm{G}} = \sum_{i=1}^{N} m_i \boldsymbol{r}_i \tag{8.2}$$

を満たす位置ベクトル $\boldsymbol{r}_{\mathrm{G}}$ の点を，この質点系の重心または質量中心という．これらより

$$\boldsymbol{r}_{\mathrm{G}} = \frac{\sum_{i=1}^{N} m_i \boldsymbol{r}_i}{M} = \frac{\sum_{i=1}^{N} m_i \boldsymbol{r}_i}{\sum_{i=1}^{N} m_i} \tag{8.3}$$

である．

例題 8.1

質量 m_1, m_2, m_3 をもつ質点 3 個の位置ベクトルをそれぞれ $\boldsymbol{r}_1, \boldsymbol{r}_2, \boldsymbol{r}_3$ とする．この質点系の重心の位置ベクトルを求めよ．

解答

位置ベクトル $\boldsymbol{r}_{\mathrm{G}}$ は (8.3) より

$$\boldsymbol{r}_{\mathrm{G}} = \frac{m_1\boldsymbol{r}_1 + m_2\boldsymbol{r}_2 + m_3\boldsymbol{r}_3}{m_1 + m_2 + m_3}$$

である．■

例題 8.2

N 個の質点がある．$i = 1, 2, \ldots, N$ として，地表付近において，時刻 0 のとき，質量 m_i をもつ質点 i が高さ h_i から鉛直下向きに速さ v_i で落下し始めた．時刻 t におけるこの質点系の重心の z 座標 z_{G} を求めよ．ただし，z 軸の向きは鉛直上向き，その原点は地表とし，重力加速度の大きさを g とする．

解答

第 2 章の 2.2 節の (2.6) で学んだように，質点 i の z 座標 z_i は

$$z_i = -\frac{1}{2}gt^2 - v_i t + h_i$$

なので，(8.3) より

$$\begin{aligned} z_{\mathrm{G}} &= \frac{\sum_{i=1}^{N} m_i z_i}{\sum_{i=1}^{N} m_i} = \frac{-\frac{1}{2}gt^2 \sum_{i=1}^{N} m_i - t\sum_{i=1}^{N} m_i v_i + \sum_{i=1}^{N} m_i h_i}{\sum_{i=1}^{N} m_i} \\ &= -\frac{1}{2}gt^2 - \frac{\sum_{i=1}^{N} m_i v_i}{\sum_{i=1}^{N} m_i}t + \frac{\sum_{i=1}^{N} m_i h_i}{\sum_{i=1}^{N} m_i} = \frac{1}{2}gt^2 - v_{\mathrm{G}0}t + z_{\mathrm{G}0} \end{aligned}$$

と求まる．ここで，$v_{\mathrm{G}0}$ と $z_{\mathrm{G}0}$ はそれぞれ初期 $(t = 0)$ における重心の速さと高さ（z 座標）である．■

質点系の重心を求める際に便利な事実がある．質点系 S を二つの質点系 A, B

に分け，A, B の系の全質量をそれぞれ $M_{\mathrm{A}}, M_{\mathrm{B}}$ とすると，S の重心 $\boldsymbol{r}_{\mathrm{G}}$ は，A の重心にある質量 M_{A} の質点と B の重心にある質量 M_{B} の質点がなす 2 質点系の重心と一致するのである．これは以下のように証明できる．

質点系 A, B の重心の位置ベクトルをそれぞれ $\boldsymbol{r}_{\mathrm{A}}, \boldsymbol{r}_{\mathrm{B}}$ としよう．そして，質点の番号を付け直して，A に属する質点の番号を $1, 2, \ldots, N'$，B に属する質点の番号を $N'+1, N'+2, \ldots, N$ とすると，

$$M_{\mathrm{A}}\boldsymbol{r}_{\mathrm{A}} = \sum_{i=1}^{N'} m_i \boldsymbol{r}_i \tag{8.4}$$

$$M_{\mathrm{B}}\boldsymbol{r}_{\mathrm{B}} = \sum_{i=N'+1}^{N} m_i \boldsymbol{r}_i \tag{8.5}$$

である．$\boldsymbol{r}_{\mathrm{A}}$ にある質量 M_{A} の質点と，$\boldsymbol{r}_{\mathrm{B}}$ にある質量 M_{B} の質点がなす 2 質点系の重心 $\boldsymbol{r}_{\mathrm{AB}}$ は，重心の定義と (8.4)，(8.5) から

$$\begin{aligned} \boldsymbol{r}_{\mathrm{AB}} &= \frac{M_{\mathrm{A}}\boldsymbol{r}_{\mathrm{A}} + M_{\mathrm{B}}\boldsymbol{r}_{\mathrm{B}}}{M_{\mathrm{A}} + M_{\mathrm{B}}} = \frac{\sum_{i=1}^{N'} m_i \boldsymbol{r}_i + \sum_{i=N'+1}^{N} m_i \boldsymbol{r}_i}{\sum_{i=1}^{N'} m_i + \sum_{i=N'+1}^{N} m_i} \\ &= \frac{\sum_{i=1}^{N} m_i \boldsymbol{r}_i}{\sum_{i=1}^{N} m_i} = \boldsymbol{r}_{\mathrm{G}} \end{aligned} \tag{8.6}$$

である．

例題 8.3

図 8.1 のように，質量の同じ 6 個の質点が x-y 平面上に等間隔 l で並んでいる．端の隣り合う 3 個が x 軸上に，残りの 3 個が x 軸から $-45°$ 傾いた原点を通る線分上に，それぞれ静止しているとき，図 8.1 の座標系において，この質点系の重心の座標を求めよ．

解答

質点の質量を m とし，x 軸上の左側 3 質点系を A，残りの 3 質点系を B とする．A の全質量は $3m$ で重心の座標は $(-2l, 0)$，B の全質量は $3m$ で重心の座標は $(\sqrt{2}l/2, -\sqrt{2}l/2)$ である．したがって，6 質点系の重心の座標は

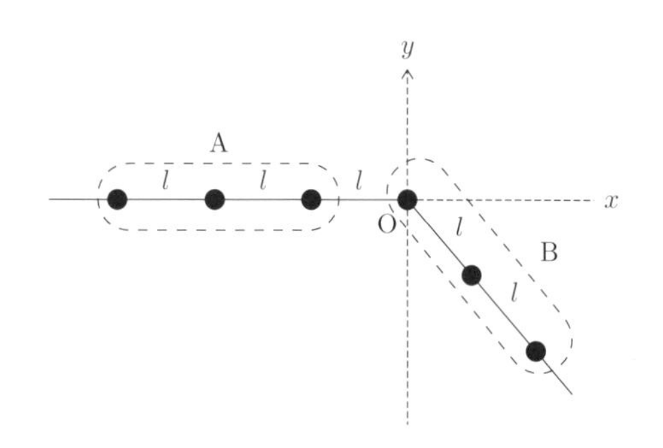

図 8.1　平面上の6質点

$$\left(\frac{-3m\cdot 2l+3m\cdot\dfrac{\sqrt{2}l}{2}}{6m},\frac{0-3m\cdot\dfrac{\sqrt{2}l}{2}}{6m}\right)=\left(\frac{\sqrt{2}-4}{4}l,-\frac{\sqrt{2}}{4}l\right)$$

である． ■

8.2　質点系の運動

各質点の運動量 $\boldsymbol{p}_i$ の総和を質点系の全運動量 $\boldsymbol{P}$ とよぶ．これは

$$\boldsymbol{P}=\sum_{i=1}^{N}\boldsymbol{p}_i=\sum_{i=1}^{N}m_i\frac{d\boldsymbol{r}_i}{dt}=\frac{d}{dt}(M\boldsymbol{r}_{\mathrm{G}})=M\frac{d\boldsymbol{r}_{\mathrm{G}}}{dt} \tag{8.7}$$

と表すことができるので，重心に全質量が集中したときの，重心の運動量とみなすことができる．ここで，質点 i にはたらく合力は，質点 j が質点 i に及ぼす内力 $\boldsymbol{F}_{ij}$ と外力 $\boldsymbol{F}_i$ から成り立っていることから，第2法則（運動の法則）より

$$\frac{d\boldsymbol{p}_i}{dt}=\sum_{j(\neq i)}\boldsymbol{F}_{ij}+\boldsymbol{F}_i \tag{8.8}$$

と書ける．右辺の j についての和で，シグマ記号の下の $j(\neq i)$ は，$i=j$ の場合は除外することを意味する．したがって，(8.7) と (8.8) より，

$$\frac{d\boldsymbol{P}}{dt} = \sum_{i=1}^{N} \frac{d\boldsymbol{p}_i}{dt} = \sum_{i=1}^{N} \left(\sum_{j(\neq i)} \boldsymbol{F}_{ij} + \boldsymbol{F}_i \right) = \sum_{i,j}^{*} \boldsymbol{F}_{ij} + \sum_{i=1}^{N} \boldsymbol{F}_i \tag{8.9}$$

となる．最後の等式の右辺第 1 項にある，シグマ記号につけた "$*$" は，$j(\neq i)$ を引き継いで i, j に関する二重和において $i = j$ の場合を除外することを意味する．ここで，この右辺第 1 項は，図 8.2 のように，加えていく順序を変えても同じなので

$$\sum_{i,j}^{*} \boldsymbol{F}_{ij} = \sum_{i,j}^{*} \boldsymbol{F}_{ji} \tag{8.10}$$

が成り立つ．この関係に注意すると，右辺第 1 項は

$$\sum_{i,j}^{*} \boldsymbol{F}_{ij} = \frac{1}{2} \left(\sum_{i,j}^{*} \boldsymbol{F}_{ij} + \sum_{i,j}^{*} \boldsymbol{F}_{ji} \right) = \frac{1}{2} \sum_{i,j}^{*} (\boldsymbol{F}_{ij} + \boldsymbol{F}_{ji}) \tag{8.11}$$

と変形できる．ここで，第 3 法則（作用・反作用の法則）より $\boldsymbol{F}_{ij} + \boldsymbol{F}_{ji} = 0$ なので，この項は 0 となる．したがって，質点系にはたらく外力の合力を $\boldsymbol{F}$ として，

$$\frac{d\boldsymbol{P}}{dt} = \boldsymbol{F} = \sum_{i=1}^{N} \boldsymbol{F}_i \tag{8.12}$$

が成り立つ．すなわち，質点系の全運動量の時間変化率は内力と無関係に外力の合力に等しい．さらに (8.7) より

$$M \frac{d^2 \boldsymbol{r}_{\mathrm{G}}}{dt^2} = \boldsymbol{F} \tag{8.13}$$

となるので，**重心の運動方程式は，質点系の全質量が集中した重心に合力がはたらくと考えれば，1 質点が満たす運動方程式と同じ形である．**2 体問題に対して成り立つ運動方程式 (7.6) は (8.13) の一例である．

例題 8.4

第 7 章の例題 7.1 の 2 質点系の全運動量 $\boldsymbol{P}$ を求め，(8.12) が成り立っていることを確かめよ．ただし，鉛直上向きの単位ベクトルを $\boldsymbol{e}_z$ とする．

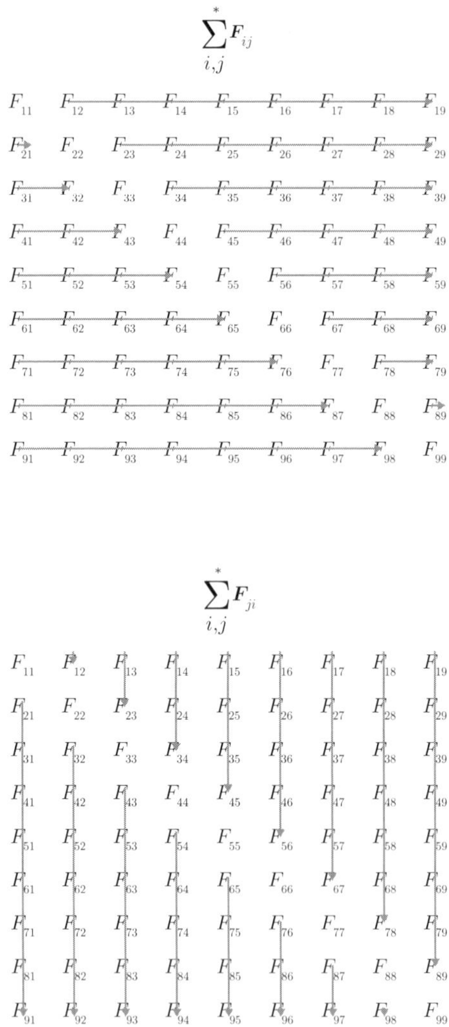

$$\sum_{i,j}^{*} \boldsymbol{F}_{ij}$$

$$\begin{array}{ccccccccc}
F_{11} & F_{12} & F_{13} & F_{14} & F_{15} & F_{16} & F_{17} & F_{18} & F_{19} \\
F_{21} & F_{22} & F_{23} & F_{24} & F_{25} & F_{26} & F_{27} & F_{28} & F_{29} \\
F_{31} & F_{32} & F_{33} & F_{34} & F_{35} & F_{36} & F_{37} & F_{38} & F_{39} \\
F_{41} & F_{42} & F_{43} & F_{44} & F_{45} & F_{46} & F_{47} & F_{48} & F_{49} \\
F_{51} & F_{52} & F_{53} & F_{54} & F_{55} & F_{56} & F_{57} & F_{58} & F_{59} \\
F_{61} & F_{62} & F_{63} & F_{64} & F_{65} & F_{66} & F_{67} & F_{68} & F_{69} \\
F_{71} & F_{72} & F_{73} & F_{74} & F_{75} & F_{76} & F_{77} & F_{78} & F_{79} \\
F_{81} & F_{82} & F_{83} & F_{84} & F_{85} & F_{86} & F_{87} & F_{88} & F_{89} \\
F_{91} & F_{92} & F_{93} & F_{94} & F_{95} & F_{96} & F_{97} & F_{98} & F_{99}
\end{array}$$

$$\sum_{i,j}^{*} \boldsymbol{F}_{ji}$$

$$\begin{array}{ccccccccc}
F_{11} & F_{12} & F_{13} & F_{14} & F_{15} & F_{16} & F_{17} & F_{18} & F_{19} \\
F_{21} & F_{22} & F_{23} & F_{24} & F_{25} & F_{26} & F_{27} & F_{28} & F_{29} \\
F_{31} & F_{32} & F_{33} & F_{34} & F_{35} & F_{36} & F_{37} & F_{38} & F_{39} \\
F_{41} & F_{42} & F_{43} & F_{44} & F_{45} & F_{46} & F_{47} & F_{48} & F_{49} \\
F_{51} & F_{52} & F_{53} & F_{54} & F_{55} & F_{56} & F_{57} & F_{58} & F_{59} \\
F_{61} & F_{62} & F_{63} & F_{64} & F_{65} & F_{66} & F_{67} & F_{68} & F_{69} \\
F_{71} & F_{72} & F_{73} & F_{74} & F_{75} & F_{76} & F_{77} & F_{78} & F_{79} \\
F_{81} & F_{82} & F_{83} & F_{84} & F_{85} & F_{86} & F_{87} & F_{88} & F_{89} \\
F_{91} & F_{92} & F_{93} & F_{94} & F_{95} & F_{96} & F_{97} & F_{98} & F_{99}
\end{array}$$

図 8.2　同値な二重和

解答

第 7 章の例題 7.1 の解答と (8.7) より

$$\boldsymbol{P} = (m_1 + m_2)\frac{dz_{\mathrm{G}}}{dt}\boldsymbol{e}_z = -(m_1 + m_2)\left(gt + \frac{m_1 v_1 + m_2 v_2}{m_1 + m_2}\right)\boldsymbol{e}_z$$
$$= -\{(m_1 v_1 + m_2 v_2) + (m_1 + m_2)\,gt\}\,\boldsymbol{e}_z$$

と計算できる．この結果，

$$\frac{d\boldsymbol{P}}{dt} = -(m_1 + m_2)\,g\boldsymbol{e}_z = -m_1 g\boldsymbol{e}_z - m_2 g\boldsymbol{e}_z$$

となるので，(8.12) が成り立っていることが確認できる．■

8.3　質点系の運動エネルギー

質点系の全運動エネルギー K を考える．それは各質点のもつ運動エネルギーの総和なので，

$$K = \frac{1}{2}\sum_{i=1}^{N} m_i \left|\frac{d\boldsymbol{r}_i}{dt}\right|^2 = \frac{1}{2}\sum_{i=1}^{N} m_i \frac{d\boldsymbol{r}_i}{dt}\cdot\frac{d\boldsymbol{r}_i}{dt} \tag{8.14}$$

である．

ここで，質点系の運動を重心の運動と重心に対する相対運動に分解しよう．重心から各質点までの位置ベクトルを相対位置ベクトルとよび，$\boldsymbol{r}'_i\ (i = 1, 2, \ldots, N)$ と書くと，

$$\boldsymbol{r}_i = \boldsymbol{r}_{\mathrm{G}} + \boldsymbol{r}'_i \tag{8.15}$$

と表すことができる．このとき，(8.15) を (8.2) に代入すると，(8.1) に注意して

$$M\boldsymbol{r}_{\mathrm{G}} = \sum_{i=1}^{N} m_i(\boldsymbol{r}_{\mathrm{G}} + \boldsymbol{r}'_i) = \boldsymbol{r}_{\mathrm{G}}\sum_{i=1}^{N} m_i + \sum_{i=1}^{N} m_i\boldsymbol{r}'_i$$
$$= M\boldsymbol{r}_{\mathrm{G}} + \sum_{i=1}^{N} m_i\boldsymbol{r}'_i \tag{8.16}$$

となるので，

$$\sum_{i=1}^{N} m_i \boldsymbol{r}'_i = 0 \tag{8.17}$$

が成り立つ．

さて，質点系の全運動エネルギー K は，(8.15) を時間で微分した式

$$\frac{d\boldsymbol{r}_i}{dt} = \frac{d\boldsymbol{r}_\mathrm{G}}{dt} + \frac{d\boldsymbol{r}'_i}{dt} \tag{8.18}$$

を (8.14) に代入することによって

$$\begin{aligned} K &= \frac{1}{2}\sum_{i=1}^{N} m_i \left(\frac{d\boldsymbol{r}_\mathrm{G}}{dt} + \frac{d\boldsymbol{r}'_i}{dt}\right)\cdot\left(\frac{d\boldsymbol{r}_\mathrm{G}}{dt} + \frac{d\boldsymbol{r}'_i}{dt}\right) \\ &= \frac{1}{2}\sum_{i=1}^{N} m_i \left(\frac{d\boldsymbol{r}_\mathrm{G}}{dt}\cdot\frac{d\boldsymbol{r}_\mathrm{G}}{dt} + 2\frac{d\boldsymbol{r}_\mathrm{G}}{dt}\cdot\frac{d\boldsymbol{r}'_i}{dt} + \frac{d\boldsymbol{r}'_i}{dt}\cdot\frac{d\boldsymbol{r}'_i}{dt}\right) \\ &= \frac{1}{2}\frac{d\boldsymbol{r}_\mathrm{G}}{dt}\cdot\frac{d\boldsymbol{r}_\mathrm{G}}{dt}\sum_{i=1}^{N} m_i + \frac{d\boldsymbol{r}_\mathrm{G}}{dt}\sum_{i=1}^{N} m_i \frac{d\boldsymbol{r}'_i}{dt} + \frac{1}{2}\sum_{i=1}^{N} m_i \frac{d\boldsymbol{r}'_i}{dt}\cdot\frac{d\boldsymbol{r}'_i}{dt} \end{aligned} \tag{8.19}$$

と計算できる．ここで，(8.17) の両辺を時間で微分すると

$$\sum_{i=1}^{N} m_i \frac{d\boldsymbol{r}'_i}{dt} = 0 \tag{8.20}$$

が成り立つので，(8.19) の最後の等式の右辺第 2 項は 0 である．また，右辺第 1 項は重心の運動エネルギーとみなせ，それを K_G と書くと

$$K_\mathrm{G} = \frac{1}{2}M\left|\frac{d\boldsymbol{r}_\mathrm{G}}{dt}\right|^2 \tag{8.21}$$

である．第 3 項は重心に対する相対運動の運動エネルギーとみなせ，それを K' と書くと

$$K' = \frac{1}{2}\sum_{i=1}^{N} m_i \left|\frac{d\boldsymbol{r}'_i}{dt}\right|^2 \tag{8.22}$$

である．したがって，質点系の全運動エネルギー K は

$$K = K_{\mathrm{G}} + K' \tag{8.23}$$

と表すことができる．

例題 8.5

質量 m_{A} の質点 A が原点に静止しており，質量 m_{B} のもう一つの質点 B は x 軸上を一定の速さ v で運動している．この 2 質点系の全運動エネルギーについて，(8.23) が成り立っていることを確かめよ．

解答

2 質点系の重心 G の速さ v_{G} は

$$v_{\mathrm{G}} = \left| \frac{d\boldsymbol{r}_{\mathrm{G}}}{dt} \right| = \frac{m_{\mathrm{B}}}{m_{\mathrm{A}} + m_{\mathrm{B}}} v$$

なので，質点 A, B の重心 G に相対的な速さ $v_{\mathrm{A}}, v_{\mathrm{B}}$ は (8.18) より

$$v_{\mathrm{A}} = |0 - v_{\mathrm{G}}| = \frac{m_{\mathrm{B}}}{m_{\mathrm{A}} + m_{\mathrm{B}}} v, \quad v_{\mathrm{B}} = |v - v_{\mathrm{G}}| = \frac{m_{\mathrm{A}}}{m_{\mathrm{A}} + m_{\mathrm{B}}} v$$

となる．したがって，(8.21) と (8.22) より

$$K_{\mathrm{G}} = \frac{1}{2} (m_{\mathrm{A}} + m_{\mathrm{B}}) v_{\mathrm{G}}^2 = \frac{1}{2} \frac{m_{\mathrm{B}}^2}{m_{\mathrm{A}} + m_{\mathrm{B}}} v^2$$

$$K' = \frac{1}{2} m_{\mathrm{A}} v_{\mathrm{A}}^2 + \frac{1}{2} m_{\mathrm{B}} v_{\mathrm{B}}^2 = \frac{1}{2} \frac{m_{\mathrm{A}} m_{\mathrm{B}}}{(m_{\mathrm{A}} + m_{\mathrm{B}})^2} (m_{\mathrm{A}} + m_{\mathrm{B}}) v^2 = \frac{1}{2} \frac{m_{\mathrm{A}} m_{\mathrm{B}}}{m_{\mathrm{A}} + m_{\mathrm{B}}} v^2$$

である．したがって，

$$K_{\mathrm{G}} + K' = \frac{1}{2} \frac{m_{\mathrm{B}}^2}{m_{\mathrm{A}} + m_{\mathrm{B}}} v^2 + \frac{1}{2} \frac{m_{\mathrm{A}} m_{\mathrm{B}}}{m_{\mathrm{A}} + m_{\mathrm{B}}} v^2 = \frac{1}{2} m_{\mathrm{B}} v^2$$

となる．質点系の全運動エネルギー K は

$$K = \frac{1}{2} m_{\mathrm{B}} v^2$$

なので，

$$K = K_{\rm G} + K'$$

である. ■

8.4　質点系の角運動量

原点のまわりの各質点の角運動量を $\boldsymbol{l}_i$ とすると,

$$\boldsymbol{l}_i = \boldsymbol{r}_i \times \boldsymbol{p}_i = \boldsymbol{r}_i \times m_i \frac{d\boldsymbol{r}_i}{dt} \tag{8.24}$$

であり, これらの角運動量の総和を質点系の原点のまわりの全角運動量 $\boldsymbol{L}$ とよぶ. すなわち,

$$\boldsymbol{L} = \sum_{i=1}^{N} \boldsymbol{l}_i = \sum_{i=1}^{N} (\boldsymbol{r}_i \times \boldsymbol{p}_i) = \sum_{i=1}^{N} \left(\boldsymbol{r}_i \times m_i \frac{d\boldsymbol{r}_i}{dt} \right) \tag{8.25}$$

である. 全角運動量 $\boldsymbol{L}$ の時間変化率は,

$$\begin{aligned} \frac{d\boldsymbol{L}}{dt} &= \frac{d}{dt} \sum_{i=1}^{N} (\boldsymbol{r}_i \times \boldsymbol{p}_i) = \sum_{i=1}^{N} \left(\frac{d\boldsymbol{r}_i}{dt} \times \boldsymbol{p}_i + \boldsymbol{r}_i \times \frac{d\boldsymbol{p}_i}{dt} \right) = \sum_{i=1}^{N} \left(\boldsymbol{r}_i \times \frac{d\boldsymbol{p}_i}{dt} \right) \\ &= \sum_{i=1}^{N} \left\{ \boldsymbol{r}_i \times \left(\sum_{j(\neq i)} \boldsymbol{F}_{ij} + \boldsymbol{F}_i \right) \right\} = \sum_{i,j}^{*} (\boldsymbol{r}_i \times \boldsymbol{F}_{ij}) + \sum_{i=1}^{N} (\boldsymbol{r}_i \times \boldsymbol{F}_i) \end{aligned} \tag{8.26}$$

である. ここで, $(d\boldsymbol{r}_i/dt) \times \boldsymbol{p}_i = (d\boldsymbol{r}_i/dt) \times m_i\,(d\boldsymbol{r}_i/dt) = 0$ を用いた. (8.26) における最後の等式の右辺第1項は, 第3法則（作用・反作用の法則）を用いて

$$\sum_{i,j}^{*} (\boldsymbol{r}_i \times \boldsymbol{F}_{ij}) = \frac{1}{2} \sum_{i(\neq j)}^{N} \left(\boldsymbol{r}_i \times \boldsymbol{F}_{ij} + \boldsymbol{r}_j \times \boldsymbol{F}_{ji} \right) = \frac{1}{2} \sum_{i(\neq j)}^{N} \{ (\boldsymbol{r}_i - \boldsymbol{r}_j) \times \boldsymbol{F}_{ij} \} \tag{8.27}$$

と変形できるが, $\boldsymbol{r}_i - \boldsymbol{r}_j$ と $\boldsymbol{F}_{ij}$ は一般に平行なのでこれは0である. したがって, (8.26) は, 質点系にはたらく原点のまわりの外力のモーメント和

$$\boldsymbol{N} = \sum_{i=1}^{N} (\boldsymbol{r}_i \times \boldsymbol{F}_i) \tag{8.28}$$

を用いて

$$\frac{d\boldsymbol{L}}{dt} = \boldsymbol{N} \tag{8.29}$$

と表される．すなわち，**原点のまわりの質点系の全角運動量の時間変化率は内力によらず，同じ原点のまわりの外力のモーメント和に等しい．**

8.5 質点系の重心のまわりの角運動量

全角運動量 $\boldsymbol{L}$ の定義 (8.25) に (8.15) を代入すると，(8.17)，(8.18) に注意して，

$$\begin{aligned}
\boldsymbol{L} &= \sum_{i=1}^{N} \{(\boldsymbol{r}_{\mathrm{G}} + \boldsymbol{r}'_i) \times \boldsymbol{p}_i\} = \boldsymbol{r}_{\mathrm{G}} \times \sum_{i=1}^{N} \boldsymbol{p}_i + \sum_{i=1}^{N} \left\{ \boldsymbol{r}'_i \times m_i \left(\frac{d\boldsymbol{r}_{\mathrm{G}}}{dt} + \frac{d\boldsymbol{r}'_i}{dt} \right) \right\} \\
&= \boldsymbol{r}_{\mathrm{G}} \times \boldsymbol{P} + \left(\sum_{i=1}^{N} m_i \boldsymbol{r}'_i \right) \times \frac{d\boldsymbol{r}_{\mathrm{G}}}{dt} + \sum_{i=1}^{N} \left(\boldsymbol{r}'_i \times m_i \frac{d\boldsymbol{r}'_i}{dt} \right) \\
&= \boldsymbol{r}_{\mathrm{G}} \times \boldsymbol{P} + \sum_{i=1}^{N} \left(\boldsymbol{r}'_i \times m_i \frac{d\boldsymbol{r}'_i}{dt} \right)
\end{aligned} \tag{8.30}$$

となる．ここで，最後の等式の右辺第 1 項は原点のまわりの重心の角運動量

$$\boldsymbol{L}_{\mathrm{G}} = \boldsymbol{r}_{\mathrm{G}} \times \boldsymbol{P} \tag{8.31}$$

である．また，右辺第 2 項は重心のまわりの全角運動量

$$\boldsymbol{L}' = \sum_{i=1}^{N} \left(\boldsymbol{r}'_i \times m_i \frac{d\boldsymbol{r}'_i}{dt} \right) \tag{8.32}$$

である．したがって，質点系の全角運動量 $\boldsymbol{L}$ は

$$\boldsymbol{L} = \boldsymbol{L}_{\mathrm{G}} + \boldsymbol{L}' \tag{8.33}$$

と分解できることになる．

また，(8.28) によって定義される，質点系にはたらく外力のモーメント和 $\boldsymbol{N}$ も，(8.15) より，

$$\boldsymbol{N} = \sum_{i=1}^{N} (\boldsymbol{r}_i \times \boldsymbol{F}_i) = \sum_{i=1}^{N} \{(\boldsymbol{r}_{\mathrm{G}} + \boldsymbol{r}'_i) \times \boldsymbol{F}_i\}$$
$$= \boldsymbol{r}_{\mathrm{G}} \times \boldsymbol{F} + \sum_{i=1}^{N} (\boldsymbol{r}'_i \times \boldsymbol{F}_i) = \boldsymbol{N}_{\mathrm{G}} + \boldsymbol{N}' \tag{8.34}$$

と分解できる．ただし，

$$\boldsymbol{N}_{\mathrm{G}} = \boldsymbol{r}_{\mathrm{G}} \times \boldsymbol{F} \tag{8.35}$$

は重心に合力がはたらくとした力のモーメントで，

$$\boldsymbol{N}' = \sum_{i=1}^{N} (\boldsymbol{r}'_i \times \boldsymbol{F}_i) \tag{8.36}$$

は重心のまわりの外力のモーメント和である．

さて，(8.31) で与えられる角運動量 $\boldsymbol{L}_{\mathrm{G}}$ の時間変化率は，(8.7)，(8.12) より

$$\frac{d\boldsymbol{L}_{\mathrm{G}}}{dt} = \frac{d\boldsymbol{r}_{\mathrm{G}}}{dt} \times \boldsymbol{P} + \boldsymbol{r}_{\mathrm{G}} \times \frac{d\boldsymbol{P}}{dt}$$
$$= \frac{d\boldsymbol{r}_{\mathrm{G}}}{dt} \times M\frac{d\boldsymbol{r}_{\mathrm{G}}}{dt} + \boldsymbol{r}_{\mathrm{G}} \times \boldsymbol{F} = \boldsymbol{r}_{\mathrm{G}} \times \boldsymbol{F} \tag{8.37}$$

となるので，(8.35) を用いると

$$\frac{d\boldsymbol{L}_{\mathrm{G}}}{dt} = \boldsymbol{N}_{\mathrm{G}} \tag{8.38}$$

を得る．すなわち，原点のまわりの重心の角運動量 $\boldsymbol{L}_{\mathrm{G}}$ の時間変化率は重心にはたらく合力のモーメントに等しい．質点系の全質量が集中した重心に合力がはたらくと考えた場合，1 質点が満たす角運動量の方程式の形と同じである．

では $\boldsymbol{L}'$ はどのような方程式を満たすであろうか？　(8.33) の分解ができるので，$\boldsymbol{L}$ の時間変化率も

$$\frac{d\boldsymbol{L}}{dt} = \frac{d\boldsymbol{L}_{\mathrm{G}}}{dt} + \frac{d\boldsymbol{L}'}{dt} \tag{8.39}$$

と分解できる．一方，(8.29) と (8.34) より

$$\frac{d\boldsymbol{L}}{dt} = \boldsymbol{N}_{\mathrm{G}} + \boldsymbol{N}' \tag{8.40}$$

とも表すことができる．したがって，

$$\frac{d\boldsymbol{L}_{\mathrm{G}}}{dt} + \frac{d\boldsymbol{L}'}{dt} = \boldsymbol{N}_{\mathrm{G}} + \boldsymbol{N}' \tag{8.41}$$

となる．ここで，(8.38) を用いると，

$$\frac{d\boldsymbol{L}'}{dt} = \boldsymbol{N}' \tag{8.42}$$

を得る．すなわち，重心のまわりの全角運動量 $\boldsymbol{L}'$ の時間変化率は重心のまわりの外力のモーメント和 $\boldsymbol{N}'$ に等しい．

最後に，質点が受ける外力が地表付近ではたらく重力である場合について成り立つ事実を説明する．質量 m_i の質点 i に重力 $m_i\boldsymbol{g}$ がはたらく．ここで，重力加速度 $\boldsymbol{g}$ は共通なので，重心のまわりの重力のモーメント和 $\boldsymbol{N}'_{\mathrm{g}}$ は，(8.36) と (8.17) より

$$\boldsymbol{N}'_{\mathrm{g}} = \sum_{i=1}^{N} (\boldsymbol{r}'_i \times m_i\boldsymbol{g}) = \left(\sum_{i=1}^{N} m_i\boldsymbol{r}'_i\right) \times \boldsymbol{g} = 0 \tag{8.43}$$

となる．したがって，外力が重力のみの場合，(8.42) の結果として，重心のまわりの全角運動量 $\boldsymbol{L}'$ は保存される．そして，重力のモーメント和 $\boldsymbol{N}_{\mathrm{g}}$ は (8.34), (8.35)，(8.43)，(8.1) より

$$\boldsymbol{N}_{\mathrm{g}} = \boldsymbol{r}_{\mathrm{G}} \times \sum_{i=1}^{N} m_i\boldsymbol{g} = \boldsymbol{r}_{\mathrm{G}} \times (M\boldsymbol{g}) \tag{8.44}$$

となる．すなわち，重力のモーメント和は重心にその合力（全重力）が作用していると考えて計算できるのである．この結果，(8.40) と (8.43) より

$$\frac{d\boldsymbol{L}}{dt} = \boldsymbol{N}_{\mathrm{g}} = \boldsymbol{r}_{\mathrm{G}} \times (M\boldsymbol{g}) \tag{8.45}$$

が成り立つ．一般に (8.13) も成り立つので，地表付近で質点系にはたらく重力の作用は，重心に $M\boldsymbol{g}$ がはたらいていると考えてよい．これは大変便利な性質

である．

例題 8.6

地表付近において，質量 m_1, m_2 をもつ粒子2個が同じ位置から水平方向の同じ向きにそれぞれ速さ v_1, v_2 で運動し始めた．この2体系の重心のまわりの全角運動量が保存されることを示せ．

解答

(8.43) より重心のまわりの外力のモーメント和は0である．その結果，2体系の重心のまわりの全角運動量が保存されることは明らかであるが，具体的に計算して確かめてみよう．

2粒子が運動し始めた点を原点とし，粒子の初速度の向きを x 軸の正の向きとし，鉛直上向きを z 軸の正の向きとする．時刻 t におけるこの2粒子の座標 $(x_1, z_1), (x_2, z_2)$ は，重力加速度の大きさを g として

$$(x_1, z_1) = \left(v_1 t, -\frac{1}{2}gt^2\right), \quad (x_2, z_2) = \left(v_2 t, -\frac{1}{2}gt^2\right)$$

により与えられる．よって，この2体系の重心の座標 $(x_\mathrm{G}, z_\mathrm{G})$ は

$$(x_\mathrm{G}, z_\mathrm{G}) = \left(\frac{m_1 v_1 + m_2 v_2}{m_1 + m_2}t, -\frac{1}{2}gt^2\right)$$

である．したがって，2粒子の重心の対するそれぞれの相対位置ベクトルは

$$(x_1', z_1') = (x_1 - x_\mathrm{G}, z_1 - z_\mathrm{G}) = \left(\frac{m_2(v_1 - v_2)}{m_1 + m_2}t, 0\right)$$
$$(x_2', z_2') = (x_2 - x_\mathrm{G}, z_2 - z_\mathrm{G}) = \left(\frac{m_1(v_2 - v_1)}{m_1 + m_2}t, 0\right)$$

となる．これは，重心に対する2粒子の相対運動が重心を通る直線上の運動であることを意味している．したがって，この2体系の重心のまわりの全角運動量は一定値0となる．■

コラム：水星の近日点移動

第7章の7.2節において，「惑星は太陽を焦点の一つとする楕円軌道を描く」というケプラーの第1法則を紹介した．ケプラーはこの法則を観測データから見出したが，力学を用いて理論的にも導出できる．惑星が太陽のみから万有引力を受けることを前提とした太陽と惑星の2体問題を解くことによって導出されるのである．しかしながら，惑星は別の惑星からも万有引力を受けている．つまり，2体より数の多い多体の質点系なのである．別の惑星の質量は太陽の質量よりもかなり小さいので，わずかであるかもしれないがその影響があるはずだ．実際，その影響により，太陽系の惑星が描く楕円軌道の長軸がゆっくり回転することが知られている（図8.3参照）．これを惑星の**近日点移動** (perihelion shift) とよぶ．近日点移動の速さは惑星によって異なる．ここでは水星について紹介しよう．

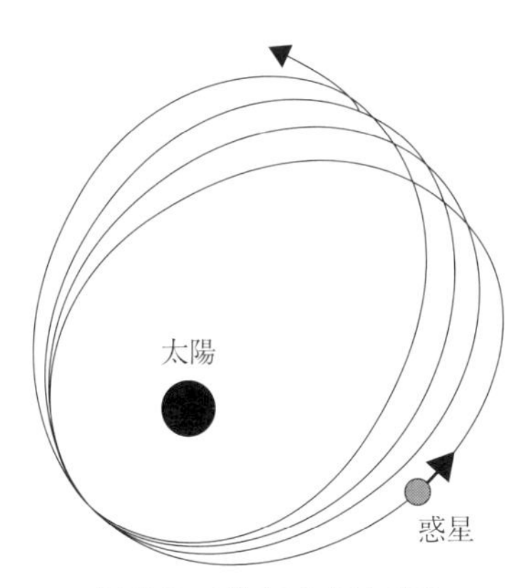

図 8.3　惑星の近日点移動

水星の楕円軌道の長軸は，太陽のまわりに100年間に575″という角度回転することが観測されている．575″は575秒と読み，1秒は1°の1/3600なので，575/3600≒0.16°である．長軸は大変ゆっくり回転していることがわかる．他の惑星が水星に及ぼす万有引力を考慮すると，近日点移動が起きることが示され，長軸が100年間に532″回転することが結論される．太陽系という質点系を考察することにより，575″のうちの約93%である532″がニュートン力学により説明できるのである．

しかし，残りの 7% である 43″ は説明できず，長年の謎であった．この謎を解いたのが，アルバート・アインシュタイン (Albert Einstein, 1879–1955) によって創造された**一般相対性理論** (general theory of relativity) である．太陽に最も近い惑星である水星には，太陽による空間のゆがみの効果が比較的大きく，それを考慮すると 43″ が見事に説明できたのである．

章末問題

8.1 質量比が 1 : 2 : 3 である三つの質点が，時刻 0 のとき原点から x 軸の正の方向にそれぞれ速さ v_1, v_2, v_3 で等速直線運動を始めた．その後の時刻 t のとき，3 質点系の重心の x 座標を求めよ．

8.2 地表付近の水平面上を，二つの質点が同じ向きに動いている．水平面の動摩擦係数を μ とすると，この 2 質点系の重心の加速度の大きさを求めよ．ただし，重力加速度の大きさを g とし，空気抵抗は無視する．

8.3 図 8.4 のように，なめらかな水平面（x-y 面）上に置かれた長さ l の細い棒に，同じ質量 m の三つの質点 A，B，C が棒の端点からそれぞれ $0, l/3, l$ の距離の位置に取り付けられている．ある瞬間，端点にある質点 C に，（x 方向の）棒に垂直で水平な向き（y 方向）の撃力を加えた．撃力の力積 P を受けた直後の，質点系の重心の速さ v_{G} と棒の重心のまわりの角速度 ω_{G} を求めよ．ただし，細い棒の質量は無視できるとする．

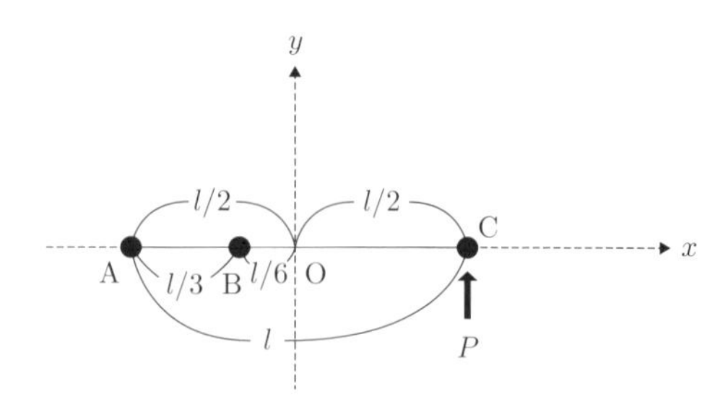

図 8.4　細い棒上の 3 質点系

第9章 剛体の力学

ゴムや粘土などでは明らかに観察できるように，どんな物体も力がはたらくと形や大きさを変える．前章で考察した質点系の力学は，そのような物体にもそのまま成り立つ．一方，硬い物体は，その変形の度合いが柔らかい物体と比べて微小なので，まったく変形をしないという近似ができる場合がある．まったく変形しない仮想的な物体を**剛体** (rigid body) とよぶ．剛体に対しても質点系についての一般論がそのまま成り立つことは当然であるが，さらに進んだ議論も可能である．本章では剛体の力学を考察しよう．

9.1 連続する無限個の質点系としての剛体

質点系では一般に各質点間の距離は変化するが，それらが変化しない質点の集まりが剛体である．特に，連続する無限個の質点から構成される剛体を連続体剛体とよぶ．身のまわりの硬い物体は連続体剛体と近似して扱うことができる．

そのような連続体剛体の運動を考える場合，前章で現れた質点系に対する表式が役立つと思われる．N 個の質点からなる質点系では，それを構成する i 番目の質点に付随する量 $\boldsymbol{f}_i$ に，その質量 m_i が乗じられた物理量 $m_i\boldsymbol{f}_i$ の i についての総和 $\sum_{i=1}^{N} m_i\boldsymbol{f}_i$ が重要であった．連続体剛体では，それに対応する物理量はどのように表されるであろうか？　その考察は複雑なので付録 B に記載したが，ここではその結果である (B.5)–(B.7)，(B.9) のみ提示する．

連続体剛体の（質量）密度を ρ（ρ：ロー，単位体積当たりの質量，SI 単位は kg/m^3）とすると，連続体剛体の質量 M は，質点系に対する全質量の定義式 (8.1) より

$$M = \sum_{i=1}^{N} m_i \to M = \int \rho \, dV \tag{9.1}$$

と表現される．なお，付録Bに説明されているように，本章で用いる積分の積分領域は連続体剛体が存在する領域Vである．領域Vは，一般に連続体剛体とともに空間を移動するが，連続体剛体に固定した座標系では時間的に変化しないことに注意しよう．また，連続体剛体の構成要素の位置ベクトルを $\boldsymbol{r}$ とすると，連続体剛体の重心の位置ベクトル $\boldsymbol{r}_{\mathrm{G}}$ も (8.2) より

$$M\boldsymbol{r}_{\mathrm{G}} = \sum_{i=1}^{N} m_i \boldsymbol{r}_i \to M\boldsymbol{r}_{\mathrm{G}} = \int \rho \boldsymbol{r} \, dV \tag{9.2}$$

と定義される．同様にして，運動量 $\boldsymbol{P}$ は

$$\begin{aligned} \boldsymbol{P} &= \sum_{i=1}^{N} m_i \frac{d\boldsymbol{r}_i}{dt} = \frac{d}{dt} \sum_{i=1}^{N} m_i \boldsymbol{r}_i = \frac{d}{dt}(M\boldsymbol{r}_{\mathrm{G}}) = M\frac{d\boldsymbol{r}_{\mathrm{G}}}{dt} \\ \to \boldsymbol{P} &= \int \rho \frac{d\boldsymbol{r}}{dt} \, dV = \frac{d}{dt} \int \rho \boldsymbol{r} \, dV = \frac{d}{dt}(M\boldsymbol{r}_{\mathrm{G}}) = M\frac{d\boldsymbol{r}_{\mathrm{G}}}{dt} \end{aligned} \tag{9.3}$$

と表すことができる．ここで，$d\boldsymbol{r}/dt$ は，付録Bに記載されているように，本来は $\boldsymbol{r}$ の t についての偏微分である．そのため，正確には偏微分記号を用いるべきであるが，本章では t についての微分しか現れないので常微分の記号 d/dt で表している．最後に，原点のまわりの角運動量 $\boldsymbol{L}$ は，

$$\begin{aligned} \boldsymbol{L} &= \sum_{i=1}^{N} \left(\boldsymbol{r}_i \times m_i \frac{d\boldsymbol{r}_i}{dt} \right) = \sum_{i=1}^{N} \left(m_i \boldsymbol{r}_i \times \frac{d\boldsymbol{r}_i}{dt} \right) \\ \to \boldsymbol{L} &= \int \left(\boldsymbol{r} \times \rho \frac{d\boldsymbol{r}}{dt} \right) dV = \int \left(\rho \boldsymbol{r} \times \frac{d\boldsymbol{r}}{dt} \right) dV \end{aligned} \tag{9.4}$$

で与えられる．

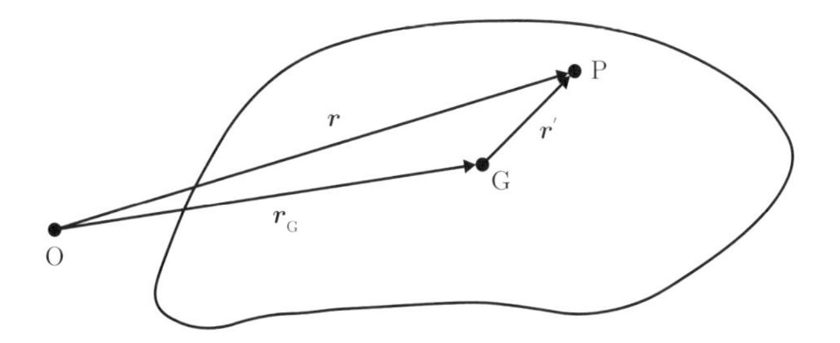

図 9.1 連続体剛体の構成要素の位置ベクトルと相対位置ベクトル

さて，慣性系において，図 9.1 のように，連続体剛体の重心に対する連続体剛体の構成要素 P の相対位置ベクトルを $\boldsymbol{r}'$ とすると，

$$\boldsymbol{r} = \boldsymbol{r}_{\mathrm{G}} + \boldsymbol{r}' \tag{9.5}$$

である．これを (9.2) に代入すると，

$$\begin{aligned} M\boldsymbol{r}_{\mathrm{G}} &= \int \rho(\boldsymbol{r}_{\mathrm{G}} + \boldsymbol{r}')dV = \boldsymbol{r}_{\mathrm{G}} \int \rho\, dV + \int \rho \boldsymbol{r}'\, dV \\ &= M\boldsymbol{r}_{\mathrm{G}} + \int \rho \boldsymbol{r}'\, dV \end{aligned} \tag{9.6}$$

が成り立つ．したがって，

$$\int \rho \boldsymbol{r}'\, dV = 0 \tag{9.7}$$

という関係式が得られる．その結果，

$$\int \rho \frac{d\boldsymbol{r}'}{dt}\, dV = 0 \tag{9.8}$$

も成り立つ．(9.7) と (9.8) は，質点系に対する (8.17) と (8.20) にそれぞれ対応する．

(9.1)，(9.7)，(9.8) に注意して，連続体剛体の角運動量 $\boldsymbol{L}$ の表式 (9.4) に (9.5) を代入すると，

$$\begin{aligned}
\boldsymbol{L} &= \int \left\{ \rho(\boldsymbol{r}_{\mathrm{G}} + \boldsymbol{r}') \times \frac{d(\boldsymbol{r}_{\mathrm{G}} + \boldsymbol{r}')}{dt} \right\} dV \\
&= \boldsymbol{r}_{\mathrm{G}} \times \left(\int \rho \, dV \right) \frac{d\boldsymbol{r}_{\mathrm{G}}}{dt} + \boldsymbol{r}_{\mathrm{G}} \times \int \rho \frac{d\boldsymbol{r}'}{dt} dV \\
&\quad + \left(\int \rho \boldsymbol{r}' \, dV \right) \times \frac{d\boldsymbol{r}_{\mathrm{G}}}{dt} + \int \left(\rho \boldsymbol{r}' \times \frac{d\boldsymbol{r}'}{dt} \right) dV \\
&= \boldsymbol{r}_{\mathrm{G}} \times M \frac{d\boldsymbol{r}_{\mathrm{G}}}{dt} + \int \left(\rho \boldsymbol{r}' \times \frac{d\boldsymbol{r}'}{dt} \right) dV \\
&= \boldsymbol{r}_{\mathrm{G}} \times \boldsymbol{P} + \int \left(\rho \boldsymbol{r}' \times \frac{d\boldsymbol{r}'}{dt} \right) dV
\end{aligned} \tag{9.9}$$

と計算できる．したがって，連続体剛体の角運動量 $\boldsymbol{L}$ は (8.33) と同様に，

$$\boldsymbol{L} = \boldsymbol{L}_{\mathrm{G}} + \boldsymbol{L}' \tag{9.10}$$

と分解できる．ここで，$\boldsymbol{L}_{\mathrm{G}}$ は原点のまわりの重心の角運動量，$\boldsymbol{L}'$ は重心のまわりの角運動量であり，(8.31) と (8.32) に対応して，(9.9) よりそれぞれ

$$\boldsymbol{L}_{\mathrm{G}} = \boldsymbol{r}_{\mathrm{G}} \times \boldsymbol{P} \tag{9.11}$$

$$\boldsymbol{L}' = \int \left(\rho \boldsymbol{r}' \times \frac{d\boldsymbol{r}'}{dt} \right) dV \tag{9.12}$$

と表すことができる．

9.2　剛体の自由度

本節以降では，連続体剛体のことを単に剛体とよぶ．また，剛体を構成する各要素の位置を完全に記述するのに必要な，互いに独立な変数の個数を，剛体の自由度という．

図 9.2 に示されているように，形と大きさの決まった剛体の位置と向きは，その剛体の同一直線上にない任意の 3 点 A，B，C の位置を定めれば決まる．3 次元空間では各点の座標は 3 個なので，$3 \times 3 = 9$ 個の変数により剛体の位置と向きが決まる．ただし，剛体なので AB 間，BC 間，CA 間の 3 辺の長さは決

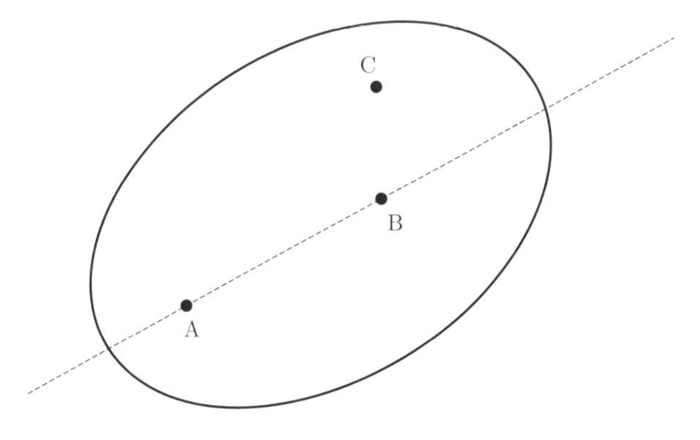

図 9.2 剛体の自由度

まっている．これら三つの条件があるので，剛体の自由度は $9-3=6$ である．つまり，6 個の互いに独立な変数によって剛体の位置と向きが決まる．

別の考え方として，剛体の位置と向きは，剛体に固定された点の位置とその点を通る軸のまわりの回転角によって決めることができる．図 9.2 を用いて説明すると，固定された点 A の座標は 3 個であり，A を通る軸は別の 1 点 B を指定すれば決まるが，AB 間の距離が決まった A を中心とする球の表面上に B を選べばよいので変数の数は $3-1=2$，そしてその軸のまわりの回転角は 1 個なので，独立な変数の数は剛体の自由度 $3+2+1=6$ である．

つまり，質点が無限個集まったとみなすことができる系の位置と向きが，各質点間の距離は変化しないという条件があると，わずか 6 個の変数によって決まるのである．

9.3 剛体の運動方程式

剛体の運動方程式は，第 8 章の 8.2 節で導かれた質点系の運動方程式と同様に導出できるので，ここでは結論のみをまとめよう．

剛体にはたらく外力の合力を $\boldsymbol{F}$ とすると，剛体の運動量 $\boldsymbol{P}$ は

$$\frac{d\boldsymbol{P}}{dt}=\boldsymbol{F} \tag{9.13}$$

を満たす．質点の運動量に対する方程式と同じ形である．

なお，剛体が面に接触している場合，一般に，第5章の5.1.3項と5.1.4項で学んだ垂直抗力と摩擦力が外力としてはたらく．

また，剛体にはたらく原点のまわりの外力のモーメント和を $\boldsymbol{N}$ とすると，原点のまわりの角運動量 $\boldsymbol{L}$ は

$$\frac{d\boldsymbol{L}}{dt} = \boldsymbol{N} \tag{9.14}$$

を満たす．これも質点の角運動量に対する方程式と同じ形である．

9.2節で考えたように剛体の自由度は6なので，運動量 $\boldsymbol{P}$ と角運動量 $\boldsymbol{L}$ の初期条件を与えれば，運動方程式 (9.13) と (9.14) によって剛体の運動は完全に決まる．

なお，質点系に対して第8章の8.5節で説明した事項同様，地表付近の剛体各部分に対する重力の合力 $\boldsymbol{F}_{\mathrm{g}}$ は，$\boldsymbol{g}$ を重力加速度として，重心に $M\boldsymbol{g}$ がはたらいていると考えてよい．すなわち，

$$\boldsymbol{F}_{\mathrm{g}} = M\boldsymbol{g} \tag{9.15}$$

である．また，地表付近の剛体に対する重力のモーメント和 $\boldsymbol{N}_{\mathrm{g}}$ は重心にその合力が作用していると考えて計算できる．すなわち，

$$\boldsymbol{N}_{\mathrm{g}} = \boldsymbol{r}_{\mathrm{G}} \times \boldsymbol{F}_{\mathrm{g}} = \boldsymbol{r}_{\mathrm{G}} \times (M\boldsymbol{g}) \tag{9.16}$$

である．

9.4　剛体運動の分解

第8章の8.3節において質点系の運動を分解したが，剛体の運動も同様に重心の運動とそのまわりの運動に分解できる．

まず，(9.3) を (9.13) の左辺に代入すると，$d(M\,d\boldsymbol{r}_{\mathrm{G}}/dt)/dt = M\,d^2\boldsymbol{r}_{\mathrm{G}}/dt^2$ と変形できるので，

$$M\frac{d^2\boldsymbol{r}_{\mathrm{G}}}{dt^2} = \boldsymbol{F} \tag{9.17}$$

となる．すなわち，剛体の重心の運動は，重心に剛体の全質量が集中した質点に合力がはたらく場合の運動方程式と同じ形である．

次に，剛体にはたらく原点のまわりの外力のモーメント和 $\boldsymbol{N}$ は，(8.34) と同じように，

$$\boldsymbol{N} = \boldsymbol{N}_{\mathrm{G}} + \boldsymbol{N}' \tag{9.18}$$

と分解できる．ただし，$\boldsymbol{N}_{\mathrm{G}}$ は合力が重心にはたらくとしたときの原点のまわりの合力のモーメント

$$\boldsymbol{N}_{\mathrm{G}} = \boldsymbol{r}_{\mathrm{G}} \times \boldsymbol{F} \tag{9.19}$$

で，$\boldsymbol{N}'$ は重心のまわりの外力のモーメント和

$$\boldsymbol{N}' = \sum_{i=1} (\boldsymbol{r}'_i \times \boldsymbol{F}_i) \tag{9.20}$$

である．

さて，(9.14) に，(9.10) と (9.18) を代入すると

$$\frac{d(\boldsymbol{L}_{\mathrm{G}} + \boldsymbol{L}')}{dt} = \boldsymbol{N}_{\mathrm{G}} + \boldsymbol{N}' \tag{9.21}$$

となる．ここで，(9.11) より

$$\frac{d\boldsymbol{L}_{\mathrm{G}}}{dt} = \frac{d(\boldsymbol{r}_{\mathrm{G}} \times \boldsymbol{P})}{dt} = \frac{d\boldsymbol{r}_{\mathrm{G}}}{dt} \times \boldsymbol{P} + \boldsymbol{r}_{\mathrm{G}} \times \frac{d\boldsymbol{P}}{dt} \tag{9.22}$$

であるが，(9.3) に注意すると最後の等式の右辺第 1 項は 0 であり，第 2 項は，(9.13) を用いると $\boldsymbol{r}_{\mathrm{G}} \times d\boldsymbol{P}/dt = \boldsymbol{r}_{\mathrm{G}} \times \boldsymbol{F}$ なので，(9.19) より

$$\frac{d\boldsymbol{L}_{\mathrm{G}}}{dt} = \boldsymbol{N}_{\mathrm{G}} \tag{9.23}$$

と書ける．したがって，(9.21) と (9.23) より

$$\frac{d\boldsymbol{L}'}{dt} = \boldsymbol{N}' \tag{9.24}$$

となる．すなわち，重心のまわりの角運動量 $\boldsymbol{L}'$ の時間変化率は重心のまわり

の外力のモーメント和 $\boldsymbol{N}'$ に等しい．

剛体自由度は 6 だから，運動を決定するためには，前節では運動量 $\boldsymbol{P}$ の運動方程式 (9.13) と原点のまわりの角運動量 $\boldsymbol{L}$ の運動方程式 (9.14) を用いればよいと記した．そして本節では，別の方程式として，重心の運動方程式 (9.17)（自由度 3）と重心まわりの角運動量が従う方程式 (9.24)（自由度 3）を用いてもよいことがわかる．すなわち，剛体の運動を二つの運動に分解し，(9.17) によって重心の並進運動を決定し，(9.24) によって重心のまわりの角運動量を決定すれば，剛体の運動が完全に決まるのである．

9.5　剛体のつりあい

剛体が静止していることを，剛体がつりあっているという．剛体の運動は運動量 $\boldsymbol{P}$ と角運動量 $\boldsymbol{L}$ に対する方程式 (9.13) と (9.14) によって決まるので，はじめに静止していた剛体が静止し続けるためには，外力の合力 $\boldsymbol{F}$ と外力のモーメント和 $\boldsymbol{N}$ がともに 0 となることが必要十分条件である．すなわち，外力 $\boldsymbol{F}_i$ が位置ベクトル $\boldsymbol{r}_i$ の点に作用しているとすると，剛体のつりあい条件は

$$\boldsymbol{F} = \sum_{i=1} \boldsymbol{F}_i = 0, \quad \boldsymbol{N} = \sum_{i=1} (\boldsymbol{r}_i \times \boldsymbol{F}_i) = 0 \tag{9.25}$$

である．

外力のモーメント和 $\boldsymbol{N}$ はどこに原点をとるかによって一般には変化する．しかしながら，原点を位置ベクトルが $\boldsymbol{r}_0$ の別の定点に変えたとき，外力のモーメント和 $\boldsymbol{N}_0$ は

$$\begin{aligned} \boldsymbol{N}_0 &= \sum_{i=1} (\boldsymbol{r}_i - \boldsymbol{r}_0) \times \boldsymbol{F}_i \\ &= \sum_{i=1} \boldsymbol{r}_i \times \boldsymbol{F}_i - \boldsymbol{r}_0 \times \sum_{i=1} \boldsymbol{F}_i = \boldsymbol{N} - \boldsymbol{r}_0 \times \sum_{i=1} \boldsymbol{F}_i \end{aligned} \tag{9.26}$$

と変形できるので，外力の合力 $\boldsymbol{F}$ が 0 の場合，(9.26) における最後の等式の右辺第 2 項が消えて

$$\boldsymbol{N}_0 = \boldsymbol{N} \tag{9.27}$$

となる．すなわち，ある原点で $\boldsymbol{N}=0$ ならばどこに原点をとっても $\boldsymbol{N}=0$ なのである．したがって，剛体がつりあっているときは，未知の外力が作用する点を原点にとり，$\boldsymbol{N}$ の表現をなるべく簡単にして剛体のつりあい条件を求めるとよい（例題 9.1 参照）．

例題 9.1

図 9.3 のように，細い棒を鉛直面内でその二つの端点をそれぞれ鉛直壁と水平面に接触させて立てかける．鉛直壁はなめらかで摩擦を無視できるとき，棒がこの状態で静止する場合の，棒と水平線がなす角度 θ の最小値を求めよ．ただし水平面の静止摩擦係数を μ_0 とする．

解答

棒の質量を M，長さを l とする．重力の作用は，棒の中央に位置する棒の重心 G に大きさ Mg の力が鉛直下向きにはたらいていると考えてよい．

棒はつりあっているので，棒に作用する合力は 0 である．したがって，(9.25) の第 1 式の鉛直成分と水平成分は図 9.3 の記号を用いて

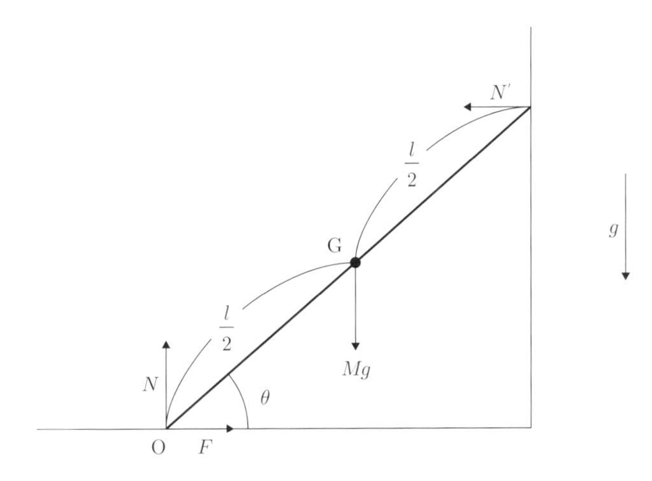

図 9.3　壁に立てかけた棒のつりあい

$$Mg = N$$
$$F = N'$$

と書ける．ここで，N と N' はそれぞれ水平面と鉛直壁の垂直抗力で，F は水平面の静止摩擦力である．

また，棒は静止しているので，外力のモーメント和はどこに原点をとっても 0 である．棒の水平面との接触点を原点 O とすると，(9.25) の第 2 式の鉛直面に垂直な成分がゼロなので

$$\frac{l}{2}Mg\cos\theta = lN'\sin\theta$$

が成り立つ．よって，

$$\tan\theta = \frac{Mg}{2N'} = \frac{Mg}{2F}$$

となる．

ここで，F の最大値は $\mu_0 N$ であり，これは $\mu_0 Mg$ に等しい．したがって

$$\tan\theta \geq \frac{Mg}{2\mu_0 Mg} = \frac{1}{2\mu_0}$$

である．よって，θ の最小値 θ_0 は

$$\theta_0 = \tan^{-1}\frac{1}{2\mu_0}$$

と求まる．■

9.6　一定方向の回転軸をもつ剛体運動

剛体は一般に時間的に位置と向きを変えるが，本節では，比較的簡単な剛体運動として，剛体の回転軸の方向が常に一定で時間的に変化しない場合を考察しよう．剛体の角速度ベクトル $\boldsymbol{\omega}$ は，大きさが ω で，右ねじを剛体の回転と同じ方向にまわした場合に進む向きをもつ．$\boldsymbol{\omega}$ は一般に時間の関数であるが，本節では，その大きさ ω は時間変化しても，その向きは時間によらず一定とする．

具体的には，慣性系において回転軸が固定されている場合と，方向を変えずに動く場合がある．後者においては，剛体が重心を通る回転軸のまわりに回転しているとみなそう．剛体の重心のまわりの角運動量が従う方程式 (9.24) が比較的簡単な形で得られているからである．

9.6.1　角運動量と慣性モーメント

まず，剛体を通る固定された軸がある場合を考える．剛体はその軸のまわりに角速度 $\boldsymbol{\omega}$ で回転しているとする．軸上に原点 O をとると，位置ベクトル $\boldsymbol{r}$ をもつ剛体の構成要素は，慣性系から見たとき角速度 $\boldsymbol{\omega}$ で回転しているので，(6.14) より

$$\frac{d\boldsymbol{r}}{dt} = \boldsymbol{\omega} \times \boldsymbol{r} \tag{9.28}$$

という速度をもつ．この表式を角運動量 $\boldsymbol{L}$ の定義式 (9.4) に代入すると，

$$\boldsymbol{L} = \int \rho \boldsymbol{r} \times (\boldsymbol{\omega} \times \boldsymbol{r})\, dV \tag{9.29}$$

となる．したがって，角運動量 $\boldsymbol{L}$ の角速度 $\boldsymbol{\omega}$ 方向の成分 $L_{\parallel}$ は

$$L_{\parallel} = \boldsymbol{L} \cdot \frac{\boldsymbol{\omega}}{\omega} = \frac{1}{\omega} \int \rho \boldsymbol{\omega} \cdot \{\boldsymbol{r} \times (\boldsymbol{\omega} \times \boldsymbol{r})\}\, dV \tag{9.30}$$

と書ける．次に，付録の (A.43) に記載した，任意のベクトル $\boldsymbol{A}, \boldsymbol{B}, \boldsymbol{C}$ に対して成り立つ等式

$$\boldsymbol{A} \cdot (\boldsymbol{B} \times \boldsymbol{C}) = \boldsymbol{C} \cdot (\boldsymbol{A} \times \boldsymbol{B}) \tag{9.31}$$

において $\boldsymbol{A} = \boldsymbol{\omega}$，$\boldsymbol{B} = \boldsymbol{r}$，$\boldsymbol{C} = \boldsymbol{\omega} \times \boldsymbol{r}$ とした等式を用いると，(9.30) は

$$L_{\parallel} = \frac{1}{\omega} \int \rho\, (\boldsymbol{\omega} \times \boldsymbol{r}) \cdot (\boldsymbol{\omega} \times \boldsymbol{r})\, dV = \omega \int \rho r_{\perp}^2\, dV \tag{9.32}$$

と表すことができる．ただし，$r_{\perp}$ は剛体構成要素の回転軸からの距離であり，

$$(\boldsymbol{\omega} \times \boldsymbol{r}) \cdot (\boldsymbol{\omega} \times \boldsymbol{r}) = |\boldsymbol{\omega} \times \boldsymbol{r}|^2 = \omega^2 r_{\perp}^2 \tag{9.33}$$

を利用した．(9.32) は，

$$I \equiv \int \rho r_\perp^2 \, dV \tag{9.34}$$

と定義すれば，

$$L_\parallel = I\omega \tag{9.35}$$

と簡潔に書き換えることができる．I は回転軸のまわりの**慣性モーメント** (moment of inertia) とよばれ，単位は kg·m^2 である．慣性モーメントは剛体の形と密度分布，そして回転軸の位置で決まり，時間に依存しない．原点 O のまわりの角運動量が従う方程式 (9.14) の回転軸方向成分を考えると

$$\frac{dL_\parallel}{dt} = N_\parallel \tag{9.36}$$

であるが，(9.35) より

$$I\frac{d\omega}{dt} = N_\parallel \tag{9.37}$$

が成り立つ．ここで，$N_\parallel$ は $\boldsymbol{N}$（原点のまわりの力のモーメント和）の回転軸方向成分である．質点の運動量 $\boldsymbol{p}$ は質量 m と速度 $\boldsymbol{v}$ によって $\boldsymbol{p} = m\boldsymbol{v}$ と定義され，質量が力を受けたときの速度変化のしにくさを表す指標であることを学んだ．それと同じように，剛体の角運動量成分 $L_\parallel$ は (9.35) によって与えられ，(9.34) で定義される回転軸のまわりの慣性モーメントは力のモーメントを受けたときの角速度変化のしにくさを表す指標である．

次に，回転軸が方向を変えずに動く場合を考える．剛体は重心を通る回転軸のまわりに回転しているとみなし，剛体の重心を原点とする．そのとき，原点は動くが，(9.7) に注意すると $\boldsymbol{L}$ を重心のまわりの角運動量として (9.29) が成り立ち，(9.35) がやはり導出される．さらに，(9.24) より (9.37) が同様に成り立つ．ただし，このとき I は重心を通る回転軸のまわりの慣性モーメントであり，$N_\parallel$ は $\boldsymbol{N}$（重心のまわりの力のモーメント和）の回転軸方向成分である．

9.6.2　慣性モーメントに関する定理

本項では，(9.34) によって定義される慣性モーメントに対して成り立つ有用な二つの定理と**回転半径** (radius of gyration) という量を説明する．なお，付

録 B で (9.34) の右辺の積分変数は X, Y, Z と表記していたが，本項で慣性モーメントを計算する際は，なじみやすい x, y, z に替えて用いる．したがって，例えば回転軸を x 軸とする場合，(9.34) は

$$I = \int \rho(y^2 + z^2)\,dV \tag{9.38}$$

と表される．

(1) 平行軸の定理

図 9.4 のような，質量 M の剛体の重心 G から距離 h だけ離れた軸 A のまわりの剛体の慣性モーメント I を考える．I と，軸 A に平行で G を通る軸 B のまわりの慣性モーメント I_{G} には次の関係式が成り立つ．

$$I = I_{\mathrm{G}} + Mh^2 \tag{9.39}$$

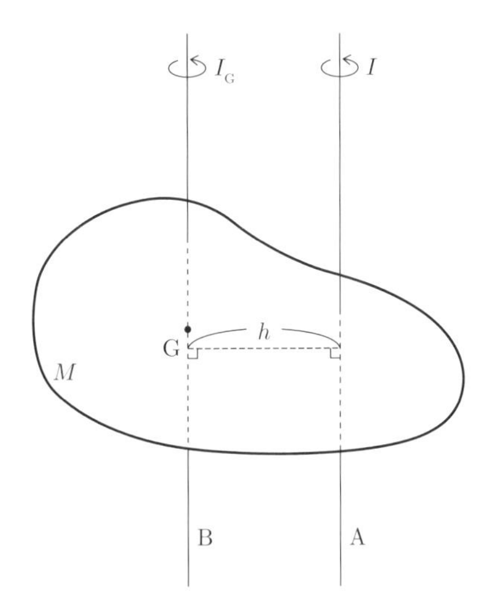

図 9.4　平行軸の定理

証明) 軸 A を z 軸にとると，(9.34) より

$$I = \int \rho(x^2 + y^2)\, dV \tag{9.40}$$

である．座標の原点は軸 A 上にあることになるが，ここで，重心の x 座標，y 座標をそれぞれ $x_{\mathrm{G}}, y_{\mathrm{G}}$ とし，重心からみた剛体構成要素の座標を x', y' とすると，(9.5) のように

$$x = x_{\mathrm{G}} + x', \quad y = y_{\mathrm{G}} + y' \tag{9.41}$$

なので，これを (9.40) に代入して (9.1)，(9.7)，$h^2 = x_{\mathrm{G}}^2 + y_{\mathrm{G}}^2$ に注意すると

$$\begin{aligned}
I &= \int \rho \left\{ (x_{\mathrm{G}} + x')^2 + (y_{\mathrm{G}} + y')^2 \right\} dV \\
&= \int \rho(x_{\mathrm{G}}^2 + y_{\mathrm{G}}^2)\, dV + 2\int \rho(x_{\mathrm{G}}x' + y_{\mathrm{G}}y')\, dV + \int \rho(x'^2 + y'^2)\, dV \\
&= \left(x_{\mathrm{G}}^2 + y_{\mathrm{G}}^2\right) \int \rho\, dV + 2x_{\mathrm{G}} \int \rho x'\, dV \\
&\qquad\qquad + 2y_{\mathrm{G}} \int \rho y'\, dV + \int \rho(x'^2 + y'^2)\, dV \\
&= Mh^2 + I_{\mathrm{G}}
\end{aligned} \tag{9.42}$$

となる．

この定理によると，向きが決まった軸のまわりの慣性モーメントは，重心を通る軸のまわりのものが最小であることがわかる．

(2) 平板剛体の慣性モーメント

厚みが薄い平板剛体を考える．図 9.5 のように，剛体の平板上に互いに直交する x 軸，y 軸をとり，平板に垂直な方向に z 軸をとると，各軸のまわりの慣性モーメント I_x, I_y, I_z の間には

$$I_z = I_x + I_y \tag{9.43}$$

の関係式が成り立つ．

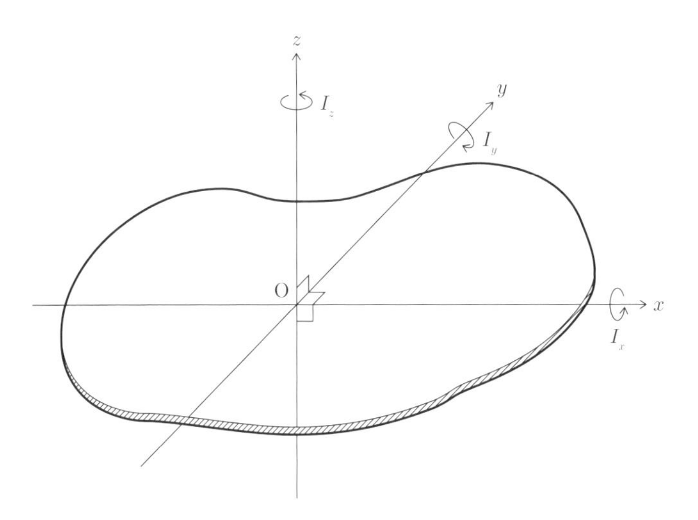

図 9.5　平板剛体の慣性モーメント

証明)　厚みが薄い平板が原点を含む x-y 平面上にあるとすると，任意の関数 $f(x,y,z)$ に対し，$z=0$ 近傍以外は質量がないと近似できるので，

$$\int \rho f(x,y,z)\,dV = \int \rho f(x,y,z)\,dxdydz = \int \sigma f(x,y,0)\,dxdy \tag{9.44}$$

が成り立つ．ここで σ は平板の単位面積あたりの質量（面密度）であり，$\rho\,dV = \rho\,dxdydz = \sigma\,dxdy$ を用いた．したがって，

$$I_x = \int \rho(y^2+z^2)\,dV = \int \sigma y^2\,dxdy \tag{9.45}$$

$$I_y = \int \rho(z^2+x^2)\,dV = \int \sigma x^2\,dxdy \tag{9.46}$$

である．その結果

$$\begin{aligned} I_z &= \int \rho(x^2+y^2)\,dV = \int \sigma(x^2+y^2)\,dxdy \\ &= \int \sigma x^2\,dxdy + \int \sigma y^2\,dxdy = I_y + I_x \end{aligned} \tag{9.47}$$

が成立する．

(3) 回転半径

ある軸のまわりの慣性モーメント I は剛体の密度分布や形状によって様々な値をとる．剛体の全質量 M をもつ一つの質点がその軸から距離 k だけ離れた位置にあるときの，その軸のまわりの慣性モーメントが I に等しいとしよう．すなわち，

$$I = Mk^2 \tag{9.48}$$

とする．この距離 k，すなわち

$$k = \sqrt{\frac{I}{M}} \tag{9.49}$$

を回転半径とよぶ．

9.6.3　重心を通る軸のまわりの慣性モーメントの具体例

本項では，いくつかの簡単な形状の剛体について，その重心を通る軸のまわりの慣性モーメント I を (9.34) により求める．ただし，剛体の質量を M とし，密度は一様であるとする．

(1) 長さ l の細い棒の重心を通る，棒に垂直な軸のまわり

図 9.6 のように，長さ l の細い棒の重心は，その中央に位置する点 G である．また，棒の単位長さあたりの質量（線密度）を λ（ラムダ）とすると

$$\lambda = \frac{M}{l} \tag{9.50}$$

である．したがって，点 G を通る棒に垂直な軸のまわりの慣性モーメント I は

$$I = \int_{-l/2}^{l/2} \lambda x^2\,dx = \lambda \left[\frac{x^3}{3}\right]_{-l/2}^{l/2} = \frac{\lambda}{12}l^3 = \frac{1}{12}Ml^2 \tag{9.51}$$

となる．

ちなみに，棒の端点 O を通る棒に垂直な軸のまわりの慣性モーメント I' は

$$I' = \int_0^l \lambda x^2\,dx = \lambda \left[\frac{x^3}{3}\right]_0^l = \frac{\lambda}{3}l^3 = \frac{1}{3}Ml^2 \tag{9.52}$$

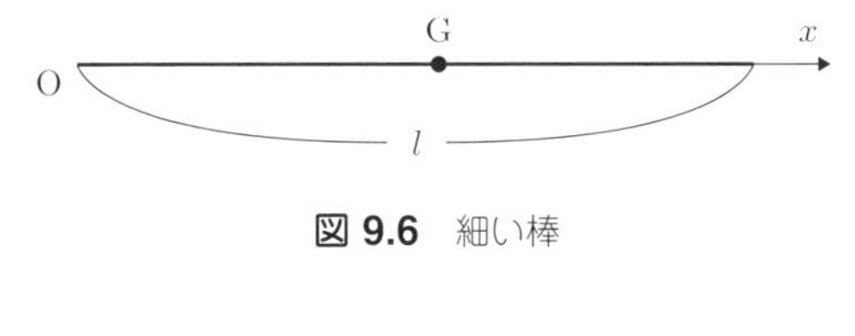

図 9.6　細い棒

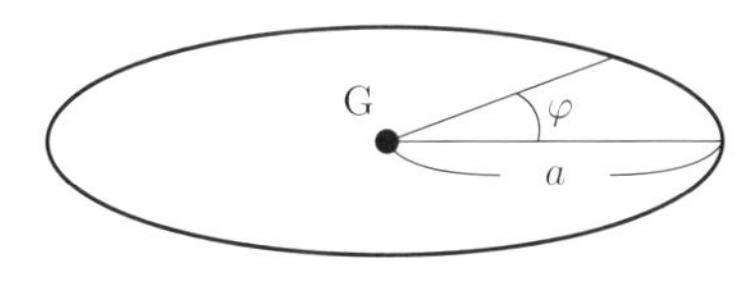

図 9.7　細い輪

と計算できるが，これは (9.39) から

$$I' = I + M\left(\frac{l}{2}\right)^2 = \frac{1}{12}Ml^2 + \frac{1}{4}Ml^2 = \frac{1}{3}Ml^2 \tag{9.53}$$

と求めることもできる．

(2) 半径 a の細い輪の重心を通る，輪の面に垂直な軸のまわり

図 9.7 のように，半径 a の細い輪の重心は，輪の中心に位置する点 G である．また，輪の線密度を λ とすると

$$\lambda = \frac{M}{2\pi a} \tag{9.54}$$

である．したがって，点 G を通る輪の面に垂直な軸のまわりの慣性モーメント I は，(9.34) において $\rho\,dV = \lambda a\,d\varphi$ なので，

$$I = \int_0^{2\pi} a^2 \lambda a\,d\varphi = 2\pi\lambda a^3 = Ma^2 \tag{9.55}$$

となる．

(3) 半径 a の薄い円盤の重心を通る，円盤の面に垂直な軸のまわり

半径 a の薄い円盤の重心は，円盤の中心に位置する点 G である．また，円盤の面密度を σ（シグマ）とすると

$$\sigma = \frac{M}{\pi a^2} \tag{9.56}$$

である．したがって，点Gを通る円盤の面に垂直な軸のまわりの慣性モーメント I は，2次元極座標 (r, φ) を用いると，(9.34) において $\rho\, dV = \sigma r\, d\varphi dr$ なので，

$$I = \int_0^{2\pi} d\varphi \int_0^a \sigma r\, r^2\, dr = 2\pi\sigma \int_0^a r^3\, dr = 2\pi\sigma \frac{a^4}{4} = \frac{1}{2} M a^2 \tag{9.57}$$

となる．

この結果は，(9.55) を用いて求めることもできる．半径 r で幅 dr の細い輪の質量は $2\pi r\sigma\, dr$ なので，その慣性モーメント dI は (9.55) から，

$$dI = 2\pi\sigma r^3\, dr \tag{9.58}$$

である．半径 a の薄い円盤は，半径が0から a まで変化する半径をもつ輪の集合とみなせるので，

$$I = \int_0^I dI = \int_0^a 2\pi\sigma r^3\, dr = 2\pi\sigma \int_0^a r^3\, dr = 2\pi\sigma \frac{a^4}{4} = \frac{1}{2} M a^2 \tag{9.59}$$

となる．これは (9.57) と一致する．

(1)，**(2)**，**(3)** と同様にして，次の剛体に対して以下の結果を得る．

(4) 半径 a の薄い円筒の中心軸のまわり

$$I = M a^2 \tag{9.60}$$

(5) 半径 a の円柱の中心軸のまわり

$$I = \frac{1}{2} M a^2 \tag{9.61}$$

(6) 半径 a の薄い球殻の中心（重心）を通る軸のまわり

$$I = \frac{2}{3} M a^2 \tag{9.62}$$

(7) 半径 a の球の中心（重心）を通る軸のまわり

$$I = \frac{2}{5}Ma^2 \tag{9.63}$$

9.6.4　運動エネルギー

第 8 章の 8.3 節の (8.21)–(8.23) に見たように，質点系の全運動エネルギーは，重心の運動エネルギー K_{G} と重心に相対的な運動エネルギー K' の和であった．したがって，剛体でも，重心の運動エネルギーを

$$K_{\mathrm{G}} = \frac{1}{2}M\left|\frac{d\boldsymbol{r}_{\mathrm{G}}}{dt}\right|^2 \tag{9.64}$$

とし，重心に対する相対運動の運動エネルギーを

$$K' = \frac{1}{2}\int \rho \left|\frac{d\boldsymbol{r}'}{dt}\right|^2 dV \tag{9.65}$$

とすれば，剛体の運動エネルギー K は

$$K = K_{\mathrm{G}} + K' \tag{9.66}$$

と表すことができる．

ここで，剛体は重心を通る一定方向の軸のまわりに角速度 $\boldsymbol{\omega}$ で回転しているとしよう．このとき，(9.12) と (9.31) を用いると

$$\boldsymbol{\omega}\cdot\boldsymbol{L}' = \int \rho\boldsymbol{\omega}\cdot\left(\boldsymbol{r}'\times\frac{d\boldsymbol{r}'}{dt}\right)dV = \int \rho\frac{d\boldsymbol{r}'}{dt}\cdot(\boldsymbol{\omega}\times\boldsymbol{r}')\,dV \tag{9.67}$$

と変形できる．9.6.1 項で用いられた $\boldsymbol{r}$ は本項においては $\boldsymbol{r}'$ に対応するので，$\boldsymbol{r} = \boldsymbol{r}'$ として (9.28) を用いると (9.67) は

$$\boldsymbol{\omega}\cdot\boldsymbol{L}' = \int \rho\frac{d\boldsymbol{r}'}{dt}\cdot\frac{d\boldsymbol{r}'}{dt}\,dV = \int \rho\left|\frac{d\boldsymbol{r}'}{dt}\right|^2 dV \tag{9.68}$$

と計算できる．(9.65) と (9.68) を見比べると

$$K' = \frac{1}{2}\boldsymbol{\omega}\cdot\boldsymbol{L}' \tag{9.69}$$

が成り立つ．ここで，角運動量 $\boldsymbol{L}'$ の角速度 $\boldsymbol{\omega}$ の方向成分 $L'_{\parallel}$ は 9.6.1 項の $L_{\parallel}$ に対応する．したがって，(9.35) より $L'_{\parallel} = I\omega$ なので

$$K' = \frac{1}{2}I\omega^2 \tag{9.70}$$

となり，重心に対する相対運動の運動エネルギー K' を，重心を通る回転軸のまわりの慣性モーメント I と角速度（の大きさ）ω を用いて表すことができる．(9.66) と (9.70) より，

$$K = K_{\mathrm{G}} + \frac{1}{2}I\omega^2 \tag{9.71}$$

である．すなわち，剛体の運動エネルギー K は重心の並進運動のエネルギーと重心のまわりの回転運動エネルギーの和である．

(9.64) で定義される重心の運動エネルギー K_{G} を時間で微分すると

$$\frac{dK_{\mathrm{G}}}{dt} = \frac{1}{2}M\frac{d\left|\dfrac{d\boldsymbol{r}_{\mathrm{G}}}{dt}\right|^2}{dt} = \frac{1}{2}M\frac{d\left(\dfrac{d\boldsymbol{r}_{\mathrm{G}}}{dt}\cdot\dfrac{d\boldsymbol{r}_{\mathrm{G}}}{dt}\right)}{dt} = M\frac{d^2\boldsymbol{r}_{\mathrm{G}}}{dt^2}\cdot\frac{d\boldsymbol{r}_{\mathrm{G}}}{dt} \tag{9.72}$$

となるので，(9.17) を用いると

$$\frac{dK_{\mathrm{G}}}{dt} = \boldsymbol{F}\cdot\frac{d\boldsymbol{r}_{\mathrm{G}}}{dt} \tag{9.73}$$

を得る．同様に，(9.70) で与えられる重心に対する相対運動の運動エネルギー K' を時間で微分すると

$$\frac{dK'}{dt} = \frac{1}{2}I\frac{d\omega^2}{dt} = I\omega\frac{d\omega}{dt} \tag{9.74}$$

となる．ここで，(9.37) の $N_{\parallel}$ は本項においては $N'_{\parallel}$ に対応するので，

$$\frac{dK'}{dt} = \boldsymbol{N}'\cdot\boldsymbol{\omega} \tag{9.75}$$

を得る．したがって，(9.66)，(9.73)，(9.75) より

$$\frac{dK}{dt} = \boldsymbol{F} \cdot \frac{d\boldsymbol{r}_{\mathrm{G}}}{dt} + \boldsymbol{N}' \cdot \boldsymbol{\omega} \tag{9.76}$$

が成り立つ．

なお，外力が地表付近の重力のみの場合，質点系に対して第 8 章の 8.5 節で説明した事項同様，剛体でも $\boldsymbol{F} = M\boldsymbol{g}$，$\boldsymbol{N}' = 0$ である．これらを (9.76) の右辺に代入すると，

$$\frac{dK}{dt} = M\boldsymbol{g} \cdot \frac{d\boldsymbol{r}_{\mathrm{G}}}{dt} = \frac{d(M\boldsymbol{g} \cdot \boldsymbol{r}_{\mathrm{G}})}{dt} = -\frac{d(Mgz_{\mathrm{G}})}{dt} \tag{9.77}$$

となる．ここで，z_{G} は重心の鉛直上向きの座標であり，Mgz_{G} は原点を基準とするポテンシャルエネルギーとみなせる．したがって，剛体の力学的エネルギー $K + Mgz_{\mathrm{G}}$ は保存する．

9.6.5　物理振り子

回転軸が慣性系に固定されている場合，剛体の自由度は 1 であり，固定軸のまわりの回転角によって剛体の運動を表現できる．本項では，その例として剛体の振り子を考える．

図 9.8 は，剛体の 1 点 O を通る水平な固定軸のまわりに自由に回転できる剛体の，軸に垂直な，重心 G を含む断面図である．このような剛体を**物理振り子** (physical pendulum) とよぶ．重力によってこの物理振り子が微小振動する場合の周期を求めよう．

剛体の質量を M，固定軸のまわりの剛体の慣性モーメントを I，剛体の重心 G と固定軸の距離を h，重力加速度の大きさを g とする．重力の作用は剛体の重心 G に大きさ Mg の力が鉛直下向きにはたらいていると考えてよいので，線分 OG と鉛直線のなす角度が θ のとき，剛体にはたらく回転軸方向の力のモーメント N は

$$N = -Mgh\sin\theta \tag{9.78}$$

である．したがって，角運動量が従う方程式 (9.37) は

$$I\frac{d\omega}{dt} = -Mgh\sin\theta \tag{9.79}$$

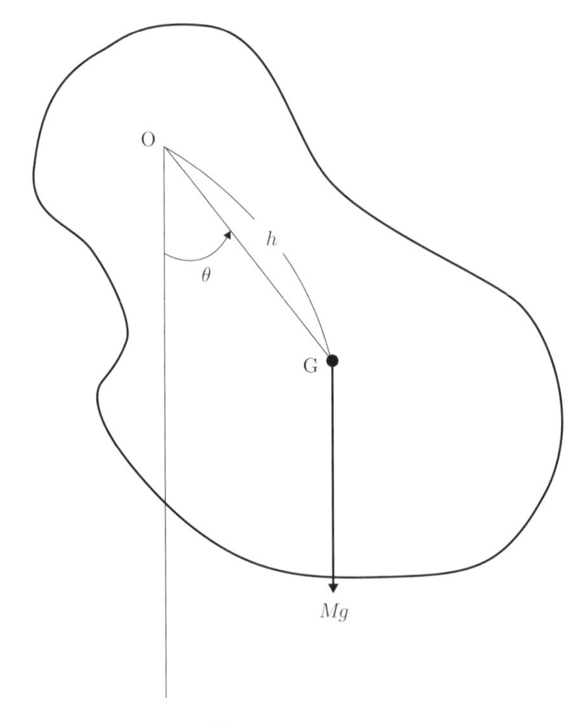

図 9.8　物理振り子

となる．ここで，角速度 ω が $\omega = d\theta/dt$ であることに注意すると

$$\frac{d^2\theta}{dt^2} = -\frac{g}{(I/Mh)}\sin\theta \tag{9.80}$$

を得る．これは長さ l が $I/(Mh)$ の単振り子の方程式 (5.56) と同じ方程式である．したがって，物理振り子の微小振動の周期 T は (5.59) より

$$T = 2\pi\sqrt{\frac{l}{g}} = 2\pi\sqrt{\frac{I}{Mgh}} \tag{9.81}$$

と求まる．

9.6.6　斜面上を滑らずに転がる円柱の運動

水平面と角度 θ をなす斜面を転がり下りる円柱の運動を考える．斜面には摩擦があり，円柱は斜面上を滑らずに転がるとする．ここで，「滑らずに転がる」は，円柱の斜面との接触点 P が瞬間的に静止していることを意味している．真上に投げ上げられたボールは最高点で瞬間的に静止するが，その後は落下する．同様に，点 P は斜面と接触した瞬間は静止しているが，その後は動いて接触点でなくなる状況を想定するのである．

円柱の重心 G が円柱の中心軸上に位置しない場合も，円柱の運動を原理的に決定することができる．しかし，その運動を支配する連立微分方程式が複雑なので，それらを解くことは難しい．そこで，本項では，簡単な解を得ることができる例として，円柱の密度分布が一様で重心 G が円柱の中心軸上にある場合を考察する．図 9.9 は円柱の重心 G を含む鉛直断面上でこの物理系を描いている．

円柱の質量を M，半径を a，重心 G のまわりの慣性モーメントを I とする．さらに，図 9.9 のように，斜面に平行な方向に x 軸，斜面に垂直な方向に y 軸をとり，重心 G の座標を $(x_{\mathrm{G}}, y_{\mathrm{G}})$ とする．円柱は斜面から，y 方向の垂直抗力 N と，$-x$ 方向の静止摩擦力 F を受ける．重力の作用は剛体の重心 G に大

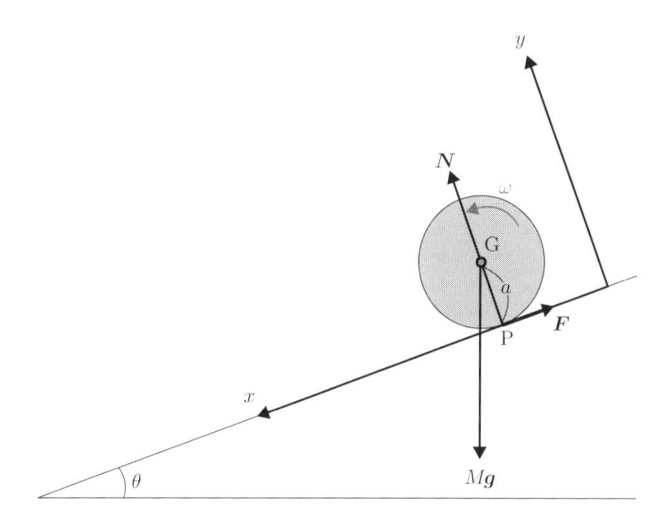

図 9.9　斜面上を滑らずに転がる円柱

きさ Mg の力が鉛直下向きにはたらいていると考えてよいので，重心 G の運動方程式は

$$M\frac{d^2x_{\mathrm{G}}}{dt^2} = Mg\sin\theta - F \tag{9.82}$$

$$M\frac{d^2y_{\mathrm{G}}}{dt^2} = N - Mg\cos\theta \tag{9.83}$$

となる．次に，重心 G を通る，円柱の中心軸に平行な軸のまわりの角速度を ω とすると，重心 G のまわりの角運動量が従う方程式は，

$$I\frac{d\omega}{dt} = aF \tag{9.84}$$

と書ける．また，円柱は斜面から離れることがないと仮定すると，

$$y_{\mathrm{G}} = a \tag{9.85}$$

である．さらに，円柱は滑らずに転がる状況を考えているので，円柱と斜面の接触点 P の x 方向の速度はゼロなので，

$$\frac{dx_{\mathrm{G}}}{dt} = a\omega \tag{9.86}$$

である．

まず，(9.83) と (9.85) より

$$N = Mg\cos\theta \tag{9.87}$$

となり，垂直抗力 N が一定になることがわかる．そして，(9.82)，(9.84)，(9.86) から F と ω を消去することができ，重心 G の加速度の x 方向成分として

$$\frac{d^2x_{\mathrm{G}}}{dt^2} = \frac{Ma^2}{Ma^2+I}\,g\sin\theta \tag{9.88}$$

を得る．ここで (9.61) より

$$I = \frac{1}{2}Ma^2 \tag{9.89}$$

なので

$$\frac{d^2x_{\mathrm{G}}}{dt^2} = \frac{2}{3}\,g\sin\theta \tag{9.90}$$

と計算できる．静止摩擦力は，(9.82) と (9.90) から

$$F = \frac{1}{3} Mg \sin\theta \tag{9.91}$$

と求まる．実は，想定したように円柱が斜面上を滑らずに転がる場合，斜面が水平面となす角度 θ の上限値 θ_0 がある．斜面が円柱に及ぼす垂直抗力 N は (9.87) で与えられるので，最大摩擦力を F_0，静止摩擦係数を μ_0 とすると，$F_0 = \mu_0 Mg\cos\theta$ である．したがって，$F \leq F_0$ と (9.91) より，$(Mg\sin\theta)/3 \leq \mu_0 Mg\cos\theta$ となる．すなわち，

$$\tan\theta \leq 3\mu_0 \tag{9.92}$$

が導出される．よって，

$$\theta_0 = \tan^{-1}(3\mu_0) \tag{9.93}$$

である．

例題 9.2

水平面と角度 θ をなす斜面を転がり下りる，密度の一様な薄い円筒の運動を考える．斜面には摩擦があり円筒は斜面上を滑らないとして，円筒の重心がもつ加速度の斜面方向成分を求めよ．また，円筒が斜面上を滑らずに転がるための，θ の上限値を求めよ．ただし，重力加速度の大きさを g，静止摩擦係数を μ_0 とする．

解答

本文の記号を用いて，円筒の質量を M，半径を a，重心のまわりの慣性モーメントを I とすると (9.88) が成り立ち，(9.60) を用いると

$$\frac{d^2 x_G}{dt^2} = \frac{1}{2} g \sin\theta$$

である．ちなみに，(9.90) と比べると，これは円柱の場合の 3/4 倍である．

そして，(9.82) から

$$F = \frac{1}{2} Mg \sin\theta$$

と計算できる．やはり $F \leq \mu_0 Mg\cos\theta$ なので，上式より

$$\tan\theta \leq 2\mu_0$$

が導出される．よって，薄い円筒が斜面上を滑らずに転がるとき，θ の上限値 θ_0 は

$$\theta_0 = \tan^{-1}(2\mu_0)$$

である．(9.93) と比べると，円筒が滑らずに転がることができる角度の範囲は円柱の場合より狭いことがわかる．■

9.6.7　打撃の中心

図 9.10 のように，摩擦のないなめらかな水平面上に置かれた質量 M，長さ l の細い棒の点 A に質点が当たることにより，棒に垂直な水平方向の撃力 F が加わるとする．その直後，棒の重心が水平方向に速さ V_{G} で並進し始め，棒はその重心のまわりに角速度 ω で回転し始めたとしよう．

まず，撃力 F の作用する微小時間を Δt とすると，力積 $F\Delta t$ は重心の運動量変化に等しいので，

$$MV_{\mathrm{G}} = F\Delta t \tag{9.94}$$

に従って重心は並進運動する．

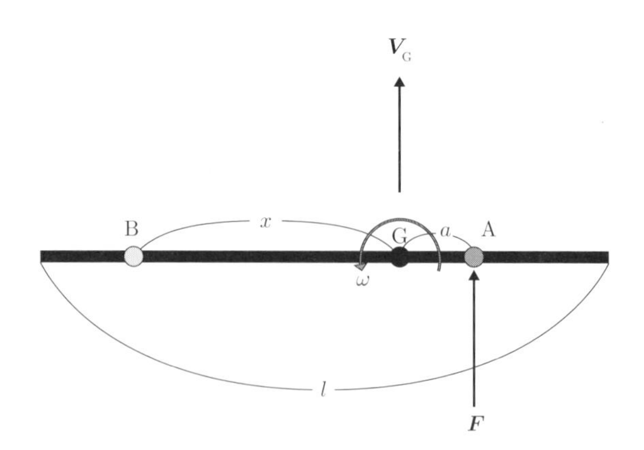

図 9.10　細い棒の打撃の中心

次に，第5章の5.3.1項で学んだように，撃力がはたらく時間は短いので，その間の重心の位置ベクトルは変化しないとしてよい．したがって，撃力による重心のまわりの力積のモーメントは鉛直方向の角運動量変化に等しい．すなわち，撃力 F の作用点Aと棒の重心Gとの間の距離を a とすると，

$$I\omega = aF\Delta t \tag{9.95}$$

が成り立つ．ここで，I は棒の重心を通る鉛直軸のまわりの慣性モーメントである．

棒の重心から見て作用点と反対側にある棒の部分では，重心の並進運動とそのまわりの回転運動の方向が逆になるので，ちょうど両者が打ち消しあって静止する点Bがあることに注意しよう．慣性系から見ると，棒は瞬間的に点Bを中心に回転するのである．重心Gと点Bの距離を x とすると，その点の速さが0になるという条件は (9.94) と (9.95) より

$$V_{\mathrm{G}} - x\omega = \left(\frac{1}{M} - \frac{xa}{I}\right) F\Delta t = 0 \tag{9.96}$$

と表すことができる．したがって

$$x = \frac{I}{Ma} \tag{9.97}$$

に位置する点での速さが0になる．この点Bは撃力が加わってもその瞬間は動かないので，Aに対する**打撃の中心** (center of percussion) とよばれる．

例として，一様な密度をもつ細い棒の場合を考えると，(9.51) より

$$I = \frac{1}{12}Ml^2 \tag{9.98}$$

なので，(9.97) より

$$x = \frac{l^2}{12a} \tag{9.99}$$

に位置する点である．この場合，打撃の中心が棒上に存在する条件は，$x \le l/2$ より，$l/6 \le a\,(\le l/2)$ である．

コラム：コマと地球の歳差運動

図 9.11 のように，水平面上で高速回転するコマの軸が鉛直からある角度傾いていると，コマの軸はその角度を保ったまま鉛直軸のまわりに回転する．その回転運動を**歳差運動** (precession)（あるいは「みそすり運動」）とよぶ．

コマの歳差運動はなぜ生じるのだろうか？　支点のまわりの重力のモーメントは鉛直軸とコマの軸の両方に垂直な方向である．図 9.11 では，これを「力のモーメントの方向」として紙面に垂直に表から裏へ向かう記号 ⊗ で示している．したがって，コマの角運動量はその方向に変化する．ここで，コマが高速で回転（自転）しているとすると，その角運動量はコマの軸にほぼ平行である．そのためコマの軸は角運動量が変化する方向に変化する．その結果，コマの軸は鉛直軸のまわりに回転するのである．図からわかるように，歳差運動の向きは自転の向きと同じである．そして，計算すると，その角速度（歳差角速度）Ω（オメガ）はコマの自転の角速度 ω に反比例することが導かれる．コマの自転が遅くなると歳差運動が速くなることは，コマを傾けてまわしてみればすぐ観察できる．

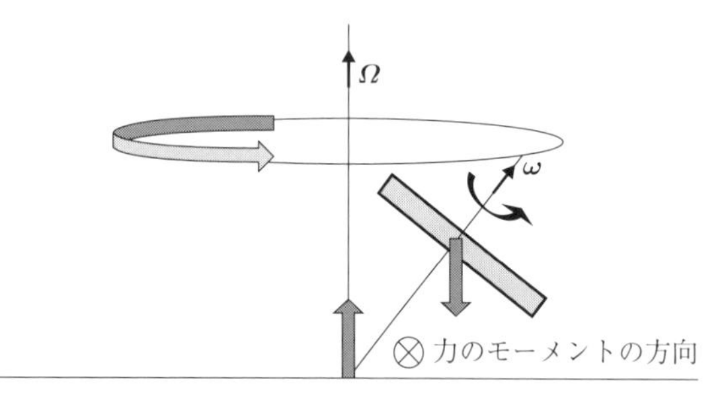

図 9.11　コマの歳差運動

地球も自転しているので一種のコマとみなせる．地球の形は図 9.12 のように赤道で少し膨らんだ回転楕円体であり，地軸（自転軸）はその対称軸で，地球の公転軌道面に対して傾いている．そして太陽や月が回転楕円体である地球に万有引力をおよぼしている．月の影響を無視して，例えば図 9.12 のように北半球が冬のとき，距離の 2 乗に反比例する太陽からの万有引力を考える．太陽に近い昼側部分が遠い夜側部分より大きな引力を受けるので，地球はその中心のまわりの力のモーメントを地球の公転と反対方向に受ける．図 9.12 では，これを「力のモーメントの方向」として紙面に垂直に裏から表へ向かう記号 ⊙ で示している．その結果，地球も歳差運動をするのである．コマとは力のモーメントのはたらき方が異なるので，地球の歳差運動の方向は自転と逆向きである．また，その周期は約 26000 年であり，コマと比べると大変長い時間である．地球の歳差運動によって，現在地軸上にあって不動と思える北極星も少しずつ位置がずれていき，また気候も影響を受ける．

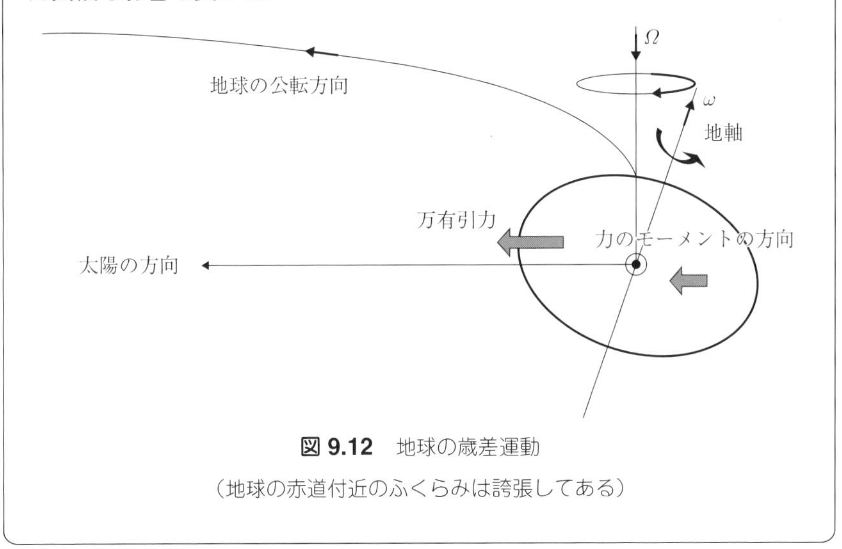

図 9.12 地球の歳差運動

（地球の赤道付近のふくらみは誇張してある）

章末問題

9.1 密度の一様な棒がその直下にある 2 点によって水平に支えられて静止している．このつりあいが可能となるのは，棒の中心が 2 点に対してどの位置にあるときか？

9.2 半径 a，質量 M の密度が一様な薄い球殻の中心（重心）を通る軸のまわりの慣性モーメントが (9.62) で与えられることを確かめよ．また，その結果を用いて，半径 a，質量 M の密度が一様な球の中心（重心）を通る軸のまわりの慣性モーメントが (9.63) で与えられることを確かめよ．

9.3 端点を通る水平軸のまわりに回転できる密度の一様な細い棒（質量 M，長さ l）が，はじめその端点を上端として鉛直線上に静止していた．その後，棒の下端に速さ v_0，質量 m の弾丸が水平に撃ち込まれたところ，弾丸は棒の中で棒とともに運動した．重力加速度の大きさを g として，以下の問いに答えよ．

(1) 棒の上端を通る水平軸のまわりの，弾丸を内包した棒の慣性モーメント I_1 を求めよ．

(2) 弾丸が棒に衝突した直後の棒の角速度 ω を求めよ．

(3) 棒が真上まで回転するための v_0 の条件を求めよ．

付録 A

A.1　三角関数

図 A.1 に描かれた直角三角形において，それぞれの辺の比を角度 θ の関数として，

$$\sin\theta \equiv \frac{y}{r}, \quad \cos\theta \equiv \frac{x}{r}, \quad \tan\theta \equiv \frac{y}{x} \tag{A.1}$$

と定義し，三角関数とよぶ．直角三角形に対するピタゴラスの定理より

$$\sin^2\theta + \cos^2\theta = 1 \tag{A.2}$$

が成立することがわかる．

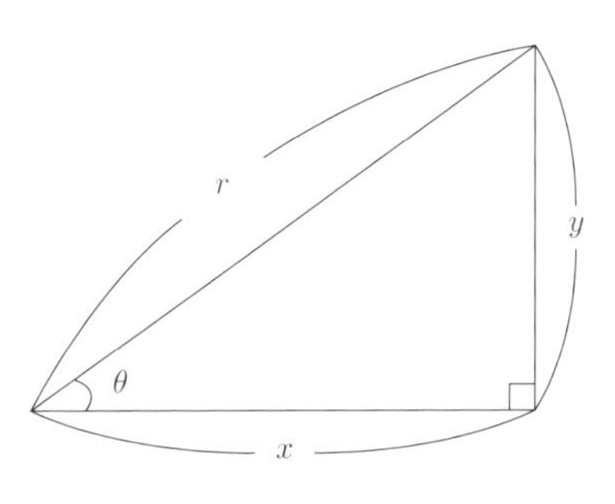

図 A.1　直角三角形

直角三角形を想定していると θ が鋭角の場合しか三角関数を定義できないが，鋭角に限らない任意の θ に対して三角関数を定義できる．図 A.2 のように，x-y

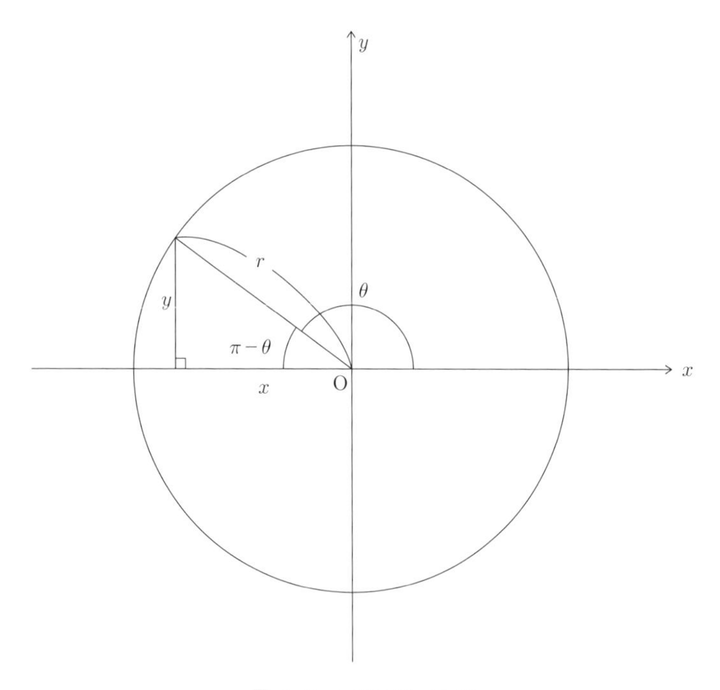

図 A.2　三角関数の定義

平面上の原点を中心とする半径 r の円の中に直角三角形を描き，その辺の「長さ」に座標 x, y に付随する負の符号も許容すれば，三角関数の定義を任意の θ について拡張することができる．（負の θ については，右まわりの回転角とする．）この結果，

$$\sin(\theta + 2\pi) = \sin\theta, \quad \cos(\theta + 2\pi) = \cos\theta, \quad \tan(\theta + \pi) = \tan\theta \tag{A.3}$$

が成り立ち，$\sin\theta$ と $\cos\theta$ は周期が 2π，$\tan\theta$ は周期が π の周期関数となる．このように拡張された三角関数は，図 A.3 のように図示される．$\cos\theta$ は偶関数，$\sin\theta$ と $\tan\theta$ は奇関数である．

三角関数に関して以下の公式が有用である．

$$\sin(\alpha \pm \beta) = \sin\alpha\cos\beta \pm \cos\alpha\sin\beta \tag{A.4}$$

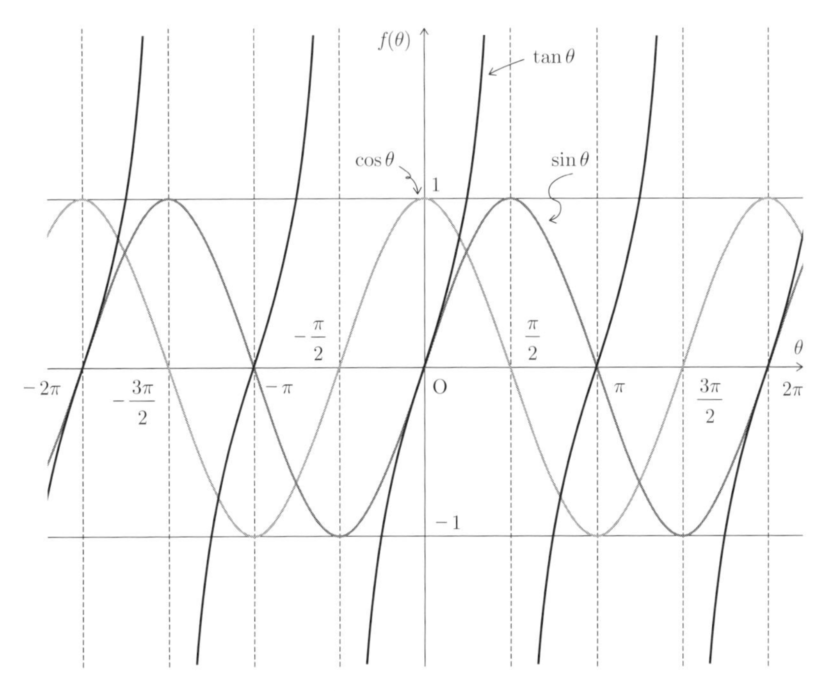

図 A.3　三角関数

$$\cos(\alpha \pm \beta) = \cos\alpha\cos\beta \mp \sin\alpha\sin\beta \tag{A.5}$$

$$\sin\alpha + \sin\beta = 2\sin\frac{\alpha+\beta}{2}\cos\frac{\alpha-\beta}{2} \tag{A.6}$$

$$\cos\alpha + \cos\beta = 2\cos\frac{\alpha+\beta}{2}\cos\frac{\alpha-\beta}{2} \tag{A.7}$$

$$\cos\alpha - \cos\beta = -2\sin\frac{\alpha+\beta}{2}\sin\frac{\alpha-\beta}{2} \tag{A.8}$$

$$\sin 2\alpha = 2\sin\alpha\cos\beta \tag{A.9}$$

$$\cos 2\alpha = \cos^2\alpha - \sin^2\alpha = 1 - 2\sin^2\alpha = 2\cos^2\alpha - 1 \tag{A.10}$$

$$\sin^2\frac{\alpha}{2} = \frac{1-\cos\alpha}{2} \tag{A.11}$$

$$\cos^2\frac{\alpha}{2} = \frac{1+\cos\alpha}{2} \tag{A.12}$$

A.2　指数関数と対数関数

一般に，a を 1 でない正の実数として，x の関数

$$y = a^x \tag{A.13}$$

を，a を底とする指数関数とよぶ．x が実数のとき，指数関数のグラフは図 A.4 のようになる．指数関数には以下の指数法則が成り立つ．

$$a^0 = 1 \tag{A.14}$$

$$a^{-1} = \frac{1}{a} \tag{A.15}$$

$$(a^x)^b = a^{bx} \tag{A.16}$$

$$a^x a^z = a^{x+z} \tag{A.17}$$

これらは，x, b, z が整数のときに成り立つ性質を実数でも成り立つように拡張したものである．

自然現象を表現する場合に，ネピアの定数 $e = 2.71828 \cdots$ を底とした自然指数関数

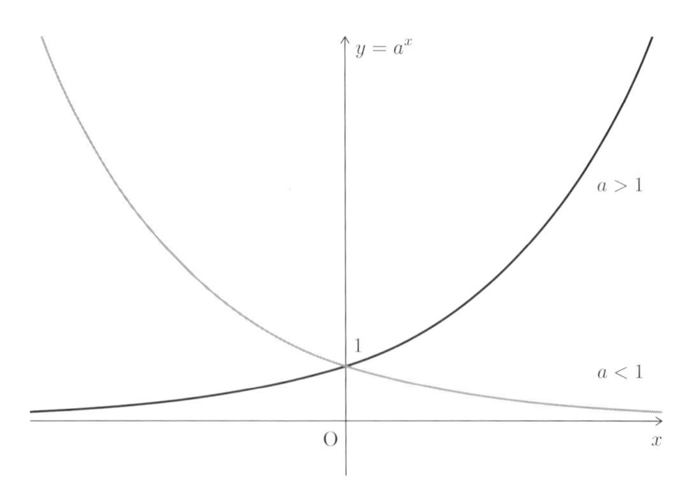

図 A.4　指数関数

$$y = e^x \tag{A.18}$$

が多用される．この関数は，A.3 節の式 (A.31) に示すように，微分すると同じ関数になるという特別な性質をもっている．

特に，i を虚数単位として $x = i\theta$ のとき，オイラーの公式

$$e^{i\theta} = \cos\theta + i\sin\theta \tag{A.19}$$

が成り立つ．

対数関数は指数関数の逆関数である．すなわち，x と y が

$$x = a^y \tag{A.20}$$

を満たす場合，

$$y = \log_a x \tag{A.21}$$

と書いて，a を底とする対数関数とよぶ．x が正の実数のとき，対数関数のグラフは図 A.5 のようになる．指数法則 (A.15)–(A.17) より，対数関数に対して次の法則が成り立つ．

$$\log_a \frac{1}{x} = -\log_a x \tag{A.22}$$

$$\log_a x^b = b\log_a x \tag{A.23}$$

$$\log_a xz = \log_a x + \log_a z \tag{A.24}$$

特に底をネピアの定数とした場合，すなわち $a = e$ の場合，

$$y = \log_e x = \ln x \tag{A.25}$$

と表記して，自然対数とよぶ．

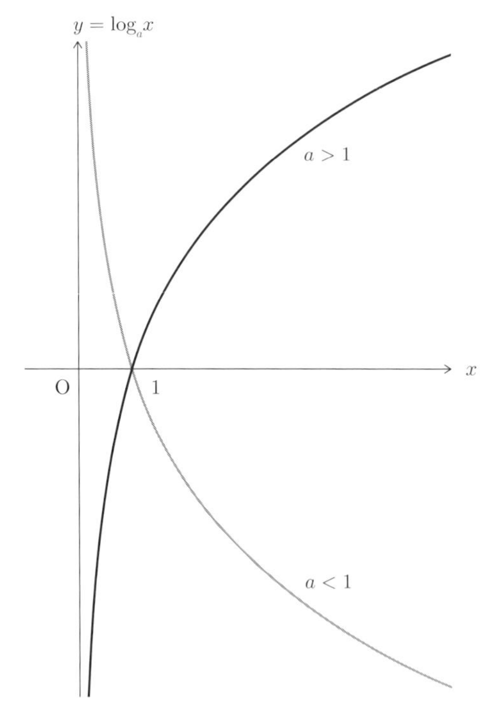

図 A.5　対数関数

A.3　微分の法則と基本的な関数の微分

y が x の関数 $y(x)$ であるとき，その微分

$$\frac{dy}{dx} = \lim_{\Delta x \to 0} \frac{y(x+\Delta x) - y(x)}{\Delta x} \tag{A.26}$$

に対して以下の法則が成り立つ．

$y = f(x) \pm g(x)$ の場合，

$$\frac{dy}{dx} = \frac{df}{dx} \pm \frac{dg}{dx} \tag{A.27}$$

$y = f(x)g(x)$ の場合，

$$\frac{dy}{dx} = \frac{df}{dx} g + f \frac{dg}{dx} \tag{A.28}$$

$y = f(t), t = g(x)$ の場合，y は間接的に x の関数なので，y の x による微分が定義され

$$\frac{dy}{dx} = \frac{dy}{dt}\frac{dt}{dx} = \frac{df}{dt}\frac{dg}{dx} \tag{A.29}$$

である．

基本的な関数の微分を以下に列挙する．

$$\frac{d}{dx}x^a = ax^{a-1} \tag{A.30}$$

$$\frac{d}{dx}e^x = e^x \tag{A.31}$$

$$\frac{d}{dx}a^x = (\ln a)a^x \tag{A.32}$$

$$\frac{d}{dx}\ln|x| = \frac{1}{x} \tag{A.33}$$

$$\frac{d}{dx}\log_a|x| = \frac{1}{x(\ln a)} \tag{A.34}$$

$$\frac{d}{dx}\sin x = \cos x \tag{A.35}$$

$$\frac{d}{dx}\cos x = -\sin x \tag{A.36}$$

$$\frac{d}{dx}\tan x = \frac{1}{\cos^2 x} \tag{A.37}$$

A.4　関数の近似公式

x の絶対値が 1 より十分小さい場合 ($|x| \ll 1$)，以下の関数に対して x^2 のオーダーまで成り立つ近似式を列挙する．

$$\sin x \fallingdotseq x \tag{A.38}$$

$$\cos x \fallingdotseq 1 - \frac{1}{2}x^2 \tag{A.39}$$

$$\tan x \fallingdotseq x \tag{A.40}$$

$$e^x \fallingdotseq 1 + x + \frac{1}{2}x^2 \tag{A.41}$$

$$\ln(1+x) \fallingdotseq x - \frac{1}{2}x^2 \tag{A.42}$$

A.5 ベクトルの三重積

二つのベクトルの積として，本文の第 3 章で内積について，第 4 章で外積について説明した．内積はスカラーで外積はベクトルであったが，三つのベクトルの積（ベクトルの三重積）についても，その 2 種類が考えられる．

任意のベクトル $\boldsymbol{A}, \boldsymbol{B}, \boldsymbol{C}$ に対して，$\boldsymbol{A} \cdot (\boldsymbol{B} \times \boldsymbol{C})$ はスカラーなのでスカラー三重積，$\boldsymbol{A} \times (\boldsymbol{B} \times \boldsymbol{C})$ はベクトルなのでベクトル三重積とよぶ．それらについて，

$$\boldsymbol{A} \cdot (\boldsymbol{B} \times \boldsymbol{C}) = \boldsymbol{B} \cdot (\boldsymbol{C} \times \boldsymbol{A}) = \boldsymbol{C} \cdot (\boldsymbol{A} \times \boldsymbol{B}) \tag{A.43}$$

$$\boldsymbol{A} \times (\boldsymbol{B} \times \boldsymbol{C}) = (\boldsymbol{A} \cdot \boldsymbol{C})\boldsymbol{B} - (\boldsymbol{A} \cdot \boldsymbol{B})\boldsymbol{C} \tag{A.44}$$

が成り立つ．

証明） $\boldsymbol{A} = (A_x, A_y, A_z)$，$\boldsymbol{B} = (B_x, B_y, B_z)$，$\boldsymbol{C} = (C_x, C_y, C_z)$ とすると，

$$\begin{aligned}
&\boldsymbol{A} \cdot (\boldsymbol{B} \times \boldsymbol{C}) \\
&\quad = A_x(B_yC_z - B_zC_y) + A_y(B_zC_x - B_xC_z) + A_z(B_xC_y - B_yC_x) \\
&\quad = B_x(C_yA_z - C_zA_y) + B_y(C_zA_x - C_xA_z) + B_z(C_xA_y - C_yA_x) \\
&\quad = \boldsymbol{B} \cdot (\boldsymbol{C} \times \boldsymbol{A}) \\
&\quad = C_x(A_yB_z - A_zB_y) + C_y(A_zB_x - A_xB_z) + C_z(A_xB_y - A_yB_x) \\
&\quad = \boldsymbol{C} \cdot (\boldsymbol{A} \times \boldsymbol{B})
\end{aligned}$$

が成り立つ．よって (A.43) が証明された．なお，$\boldsymbol{A} \cdot (\boldsymbol{B} \times \boldsymbol{C})$ の大きさはベクトル $\boldsymbol{A}, \boldsymbol{B}, \boldsymbol{C}$ がつくる平行六面体の体積に等しいので，向きを考慮することによって (A.43) は幾何学的にも証明できる．

次に，$\boldsymbol{A} \times (\boldsymbol{B} \times \boldsymbol{C})$ の x 成分 $(\boldsymbol{A} \times (\boldsymbol{B} \times \boldsymbol{C}))_x$ を計算すると，

$$\begin{aligned}
&(\boldsymbol{A} \times (\boldsymbol{B} \times \boldsymbol{C}))_x \\
&\quad = A_y(B_xC_y - B_yC_x) - A_z(B_zC_x - B_xC_z) \\
&\quad = (A_yC_y + A_zC_z)B_x - (A_yB_y + A_zB_z)C_x
\end{aligned}$$

$$= (A_x C_x + A_y C_y + A_z C_z) B_x - (A_x B_x + A_y B_y + A_z B_z) C_x$$
$$= ((\boldsymbol{A} \cdot \boldsymbol{C})\boldsymbol{B} - (\boldsymbol{A} \cdot \boldsymbol{B})\boldsymbol{C})_x$$

となる．他の成分も同様なので，(A.44) が証明された．なお，ベクトルの射影を考えることによって幾何学的にも証明できる．

A.6 定数係数 2 階常微分方程式の解法

本文にも例があったように，基本的な運動は定数係数の常微分方程式に従う場合が多い．運動方程式に現れる加速度は位置ベクトルの時間に関する 2 階微分なので，ここでは特に 2 階の定数係数常微分方程式の解法を説明する．

A.6.1 2 階の定数係数同次常微分方程式

まず，x の関数 $y(x)$ が常微分方程式

$$a\frac{d^2y(x)}{dx^2} + b\frac{dy(x)}{dx} + cy(x) = 0 \tag{A.45}$$

を満たすとする．このように $y(x)$ と無関係な項を含まない（右辺が 0 である）場合を**同次常微分方程式** (homogeneous ordinary differential equation) という．ここで a, b, c は定数である．$y(x)$ を求めるために，λ を定数として

$$y(x) = e^{\lambda x} \tag{A.46}$$

と仮定してみよう．(A.29) と (A.31) から導出される

$$\frac{de^{\lambda x}}{dx} = \lambda e^{\lambda x} \tag{A.47}$$
$$\frac{d^2 e^{\lambda x}}{dx^2} = \lambda^2 e^{\lambda x} \tag{A.48}$$

に注意して，(A.46) を (A.45) に代入すると，λ は

$$a\lambda^2 + b\lambda + c = 0 \tag{A.49}$$

を満たすことがわかる．

ここで $a=0, b\neq 0$ なら，(A.45) は 1 階の常微分方程式

$$b\frac{dy(x)}{dx}+cy(x)=0 \tag{A.50}$$

となり，$\lambda=-c/b$ なので

$$y(x)=e^{-(c/b)x} \tag{A.51}$$

を得る．一般解は，この特殊解を定数倍したものなので，$x=0$ での y の値 $y(0)$ を用いて

$$y(x)=y(0)e^{-(c/b)x} \tag{A.52}$$

と表すことができる．x が時間変数 t の場合，$y(0)$ を初期条件という．

$a\neq 0$ なら (A.45) は λ に対する 2 次方程式なので，その解は二つ存在し，

$$\lambda=\lambda_1,\ \lambda_2 \tag{A.53}$$

$$\lambda_1=\frac{-b+\sqrt{D}}{2a},\quad \lambda_2=\frac{-b-\sqrt{D}}{2a} \tag{A.54}$$

と書ける．ここで D は判別式

$$D=b^2-4ac \tag{A.55}$$

である．D が負のとき，$\sqrt{D}$ は純虚数 $i\sqrt{|D|}$（i は虚数単位）なので，λ は複素数となる．そこで場合分けをして考えよう．

(1) $D>0$ の場合

λ_1,λ_2 はともに実数となり，また異なる値なので，

$$y_1(x)=e^{\lambda_1 x} \tag{A.56}$$

と

$$y_2(x)=e^{\lambda_2 x} \tag{A.57}$$

は (A.45) の独立な二つの解である．したがって，(A.45) の一般解は C_1,C_2 を定数として

$$y(x) = C_1 y_1(x) + C_2 y_2(x) = C_1 e^{\frac{-b+\sqrt{D}}{2a}x} + C_2 e^{\frac{-b-\sqrt{D}}{2a}x} \tag{A.58}$$

である．なお，定数 C_1, C_2 は $y(x)$ と $dy(x)/dx$ に対する二つの（初期）条件によって決定される．

(2) $D < 0$ の場合

λ_1, λ_2 はともに複素数となり，

$$\lambda_1 = \alpha + i\beta, \quad \lambda_2 = \alpha - i\beta \tag{A.59}$$

$$\alpha = \frac{-b}{2a}, \quad \beta = \frac{\sqrt{|D|}}{2a} \tag{A.60}$$

と書ける．λ_1, λ_2 は異なる値なので，

$$y_1(x) = e^{\lambda_1 x} = e^{\alpha x + i\beta x} = e^{\alpha x} e^{i\beta x} \tag{A.61}$$

と

$$y_2(x) = e^{\lambda_2 x} = e^{\alpha x - i\beta x} = e^{\alpha x} e^{-i\beta x} \tag{A.62}$$

は (A.45) の独立な二つの解である．したがって，(A.45) の一般解は C_1, C_2 を定数として

$$y(x) = C_1 y_1(x) + C_2 y_2(x) = e^{\alpha x}(C_1 e^{i\beta x} + C_2 e^{-i\beta x}) \tag{A.63}$$

と書ける．これは一般的に複素数である．このように，もとの常微分方程式 (A.45) が実数で表現される物理現象に対する方程式であっても，一般解は複素数の解を含んでいる．しかし，もともと実数で表現される現象であれば，（初期）条件を満たす解を求めると，自動的に実数の解が得られる．その際，オイラーの公式 (A.19) が有用である．

例えば，本文の (5.35) 式で与えられる単振動の微分方程式を

$$\frac{d^2x}{dt^2} + \omega^2 x = 0 \tag{A.64}$$

と書くとわかるように，これは $a = 1$, $b = 0$, $c = \omega^2$ の同次常微分方程式

だから $\alpha = 0$, $\beta = |\omega|$ となる．したがって，一般解は，$y \to x$, $x \to t$ と置き換えた (A.63)，すなわち

$$x(t) = C_1 e^{i\omega t} + C_2 e^{-i\omega t} \tag{A.65}$$

である．これは一般に複素数であるが，初期条件として $t = 0$ で $x = A$, $dx/dt = 0$ の場合を考えると，

$$A = C_1 + C_2 \tag{A.66}$$

$$0 = i\omega C_1 - i\omega C_2 \tag{A.67}$$

より

$$C_1 = \frac{A}{2}, \quad C_2 = \frac{A}{2} \tag{A.68}$$

と決まる．よって，初期条件を満たす解は (A.19) より

$$x(t) = \frac{A}{2}(e^{i\omega t} + e^{-i\omega t}) = A\cos\omega t \tag{A.69}$$

となり，自然に実数解 (5.41) と実質的に同じものが得られる．

(3) $D = 0$ の場合

(A.54) によって与えられる λ は実数の重解 $\lambda = \alpha = -b/(2a)$ となるので，C_0 を定数とした

$$y_0(x) = C_0 e^{\alpha x} \tag{A.70}$$

は一つの解である．2 階常微分方程式の一般解を得るためには独立な解が二つ見つかればよい．そこで，もう一つの独立な解を発見するための工夫として，新たな関数 $u(t)$ を導入し，

$$y(x) = u(x) e^{\alpha x} \tag{A.71}$$

としてみよう．(A.71) を (A.45) に代入し，$D = 0$ すなわち $b^2 = 4ac$ に注意すると，

$$\frac{d^2 u(x)}{dx^2} = 0 \tag{A.72}$$

が成り立てばよいことがわかる．したがって，定数 C_1, C_2 を用いて

$$u(x) = C_1 x + C_2 \tag{A.73}$$

である．この結果，(A.45) の一般解は (A.71) と (A.73) より

$$y(x) = e^{\alpha x}(C_1 x + C_2) = e^{-\frac{b}{2a}x}(C_1 x + C_2) \tag{A.74}$$

と表すことができる．ここでも，定数 C_1, C_2 は $y(x)$ や $dy(t)/dx$ に対する二つの（初期）条件によって決定される．

A.6.2 2 階の定数係数非同次常微分方程式

最後に (A.45) の右辺が 0 でない場合について考えよう．すなわち，$f(x)$ を与えられた関数として，

$$a\frac{d^2y(x)}{dx^2} + b\frac{dy(x)}{dx} + cy(x) = f(x) \tag{A.75}$$

という形の常微分方程式である．このように $y(x)$ と無関係な項を含む（右辺が 0 でない）方程式を**非同次常微分方程式** (inhomogeneous ordinary differential equation) といい，$f(x)$ を非同次項という．

いま，何らかの方法で (A.75) を満たす一つの解がわかったとしよう．それを特殊解とよび，$y_*(x)$ と表すと，

$$a\frac{d^2y_*(x)}{dx^2} + b\frac{dy_*(x)}{dx} + cy_*(x) = f(x) \tag{A.76}$$

が成立する．ここで，同次常微分方程式 (A.45) の一般解は A.6.1 項で説明した方法により求まるので，それを $Y(x)$ と表すと，

$$y(x) = Y(x) + y_*(x) \tag{A.77}$$

は (A.75) を満たす．この解は独立な二つの解の和なので，(A.75) の一般解である．すなわち，非同次常微分方程式の一般解は，同次常微分方程式の一般解に特殊解を加えた関数であることがわかる．ちなみにこのことは，何階の非同次常微分方程式に対しても成り立つ．

本文で取り上げた微分方程式 (5.12)

$$m\frac{dv}{dt} = mg - \beta v \tag{A.78}$$

は，$v(t)$ を未知関数とすると 1 階の非同次常微分方程式である．これは，(A.75) において，$y \to v$, $x \to t$ と変数を置き換えて $a = 0$, $b = m$, $c = \beta$, $f(t) = mg$ とした微分方程式に対応する．また，$v = mg/\beta$ は (A.78) の特殊解なので，その一般解は (A.52) と (A.77) より

$$v(t) = C_1 e^{-\beta t/m} + \frac{mg}{\beta} \tag{A.79}$$

と定数 C_1 を用いて表すことができる．初期条件（$t = 0$ のとき $v = 0$）を考慮すると $C_1 = -mg/\beta$ と決まり，解として

$$v(t) = \frac{mg}{\beta}(1 - e^{-\beta t/m}) \tag{A.80}$$

が得られる．これは (5.14) と一致する．

付録 B

B.1　連続体剛体の物理量

図 B.1 のように，連続体剛体を近似的に N 個の微小直方体に分割する．そして，点 O' を原点とする連続体剛体に固定したデカルト座標系 $\mathrm{O}'\text{-}XYZ$ を設定する．これらの微小直方体に番号を付けると，i 番目の微小直方体はその位置座標 (X_i, Y_i, Z_i) によって特定される．デカルト座標系 $\mathrm{O}'\text{-}XYZ$ では連続体剛体は静止して見えるので，連続体剛体が運動しても座標 (X_i, Y_i, Z_i) は時間的に変化しない．

一方，図 B.2 のように，慣性系 $\mathrm{O}\text{-}xyz$ から見た i 番目の微小直方体の位置ベクトルを $\boldsymbol{r}_i$ とすると，$\boldsymbol{r}_i$ は連続体剛体が運動すると変化するので一般に時間 t の関数である．そこで，$\boldsymbol{r}_i = \boldsymbol{r}(X_i, Y_i, Z_i, t)$ と表す．

さて，i 番目の微小直方体の質量を Δm_i，体積を $\Delta V_i = \Delta X_i \Delta Y_i \Delta Z_i$，そして付随する物理量を $f_i = f(X_i, Y_i, Z_i, t)$ としよう．その密度を $\rho_i = \rho(X_i, Y_i, Z_i)$ とすると，$\Delta m_i = \rho(X_i, Y_i, Z_i)\Delta V_i$ なので，

$$\sum_{i=1}^{N} \Delta m_i f_i = \sum_{i=1}^{N} \rho(X_i, Y_i, Z_i)\Delta V_i f(X_i, Y_i, Z_i, t) \tag{B.1}$$

と書ける．

ここで，微小直方体を十分小さく（N を十分大きく）すれば，それぞれの微小直方体は質点とみなせるであろう．その極限として，連続体剛体は連続する無限個 $(N \to \infty)$ の質点からなる質点系とみなすことができる．ただし，この質点系を構成する各質点の相対的位置は時間的に変化しない．

そこで，連続体剛体に対して正確な表現を得るため，(B.1) において $N \to \infty$

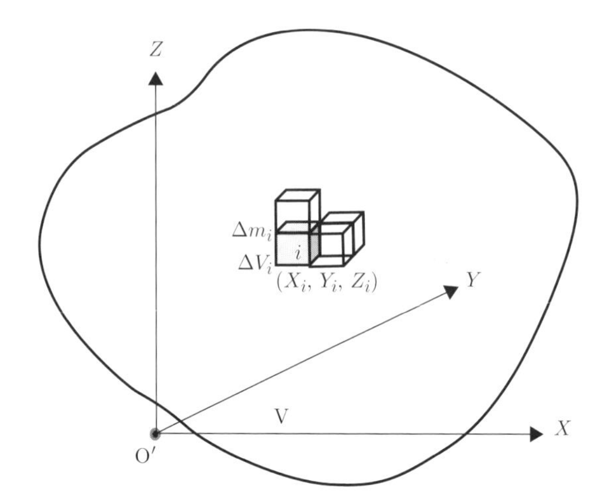

図 B.1　連続体剛体に固定した座標系における微小直方体の座標

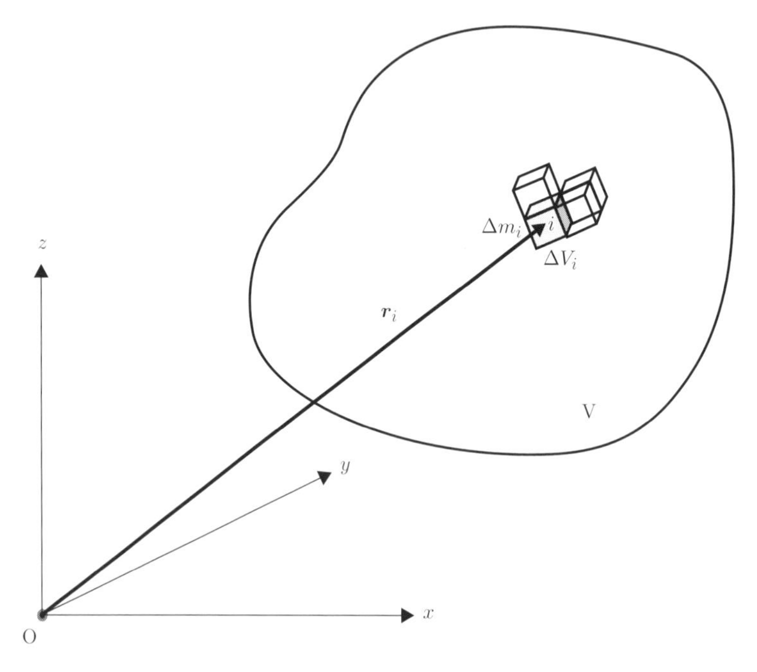

図 B.2　慣性系における微小直方体の位置ベクトル

の極限をとる．その結果，

$$\lim_{N\to\infty}\sum_{i=1}^{N}\Delta m_i f_i = \lim_{N\to\infty}\sum_{i=1}^{N}\rho(X_i,Y_i,Z_i)f(X_i,Y_i,Z_i,t)\Delta V_i$$
$$= \int \rho(X,Y,Z)f(X,Y,Z,t)\,dV$$
$$= \int \rho(X,Y,Z)f(X,Y,Z,t)\,dX\,dY\,dZ \tag{B.2}$$

と積分を用いて表わすことができる．第 1 章の 1.3 節で説明したように，積分は無限個の微小な積の和であるからだ．なお，積分領域は連続体剛体が存在する領域 V であるが，簡潔に表現するため単なる積分記号を用いている．領域 V は，一般に連続体剛体とともに空間を移動するが，連続体剛体に固定した座標系では時間的に変化しないことに注意しよう．

まとめると，連続体剛体の運動を考える場合，質点系における総和 $\sum_{i=1}^{N} m_i f_i$ を

$$\sum_{i=1}^{N} m_i f_i \to \int \rho(X,Y,Z)f(X,Y,Z,t)\,dV \tag{B.3}$$

と置換すればよい．ここまで，スカラー f_i と f を考えたが，これらをベクトルの成分とみなせば，ベクトル $\boldsymbol{f}_i$ と $\boldsymbol{f}$ に対しても，

$$\sum_{i=1}^{N} m_i \boldsymbol{f}_i \to \int \rho(X,Y,Z)\boldsymbol{f}(X,Y,Z,t)\,dV \tag{B.4}$$

という置き換えが成り立つことがわかる．

以上により，連続体剛体の質量 M は，質点系に対する質量の定義式 (8.1) から

$$M = \sum_{i=1}^{N} m_i \to M = \int \rho(X,Y,Z)\,dV \tag{B.5}$$

と表現される．また，連続体剛体の重心の位置ベクトル $\boldsymbol{r}_{\mathrm{G}}$ も (8.2) より

$$M\boldsymbol{r}_{\mathrm{G}} = \sum_{i=1}^{N} m_i \boldsymbol{r}_i \to M\boldsymbol{r}_{\mathrm{G}} = \int \rho(X,Y,Z)\boldsymbol{r}(X,Y,Z,t)\,dV \tag{B.6}$$

と定義される．

同様にして，運動量 $\boldsymbol{P}$ は

$$\begin{aligned}
\boldsymbol{P} &= \sum_{i=1}^{N} m_i \frac{d\boldsymbol{r}_i}{dt} = \frac{d}{dt}\sum_{i=1}^{N} m_i \boldsymbol{r}_i = \frac{d}{dt}(M\boldsymbol{r}_{\mathrm{G}}) = M\frac{d\boldsymbol{r}_{\mathrm{G}}}{dt} \\
\to \boldsymbol{P} &= \int \rho(X,Y,Z)\frac{\partial \boldsymbol{r}(X,Y,Z,t)}{\partial t}\,dV \\
&= \frac{d}{dt}\int \rho(X,Y,Z)\boldsymbol{r}(X,Y,Z,t)\,dV \\
&= \frac{d}{dt}(M\boldsymbol{r}_{\mathrm{G}}) = M\frac{d\boldsymbol{r}_{\mathrm{G}}}{dt}
\end{aligned} \tag{B.7}$$

と表すことができる．ここで，$\partial \boldsymbol{r}(X,Y,Z,t)/\partial t$ は，多変数関数 $\boldsymbol{r}(X,Y,Z,t)$ の t についての偏微分と呼ばれる微分であり，X,Y,Z は同じ値のまま t のみが変化した場合の $\boldsymbol{r}(X,Y,Z,t)$ の変化率を意味している．すなわち，

$$\frac{\partial \boldsymbol{r}(X,Y,Z,t)}{\partial t} \equiv \lim_{\Delta t\to 0}\frac{\boldsymbol{r}(X,Y,Z,t+\Delta t)-\boldsymbol{r}(X,Y,Z,t)}{\Delta t} \tag{B.8}$$

である．

そして，原点のまわりの角運動量 $\boldsymbol{L}$ は，

$$\begin{aligned}
\boldsymbol{L} &= \sum_{i=1}^{N}\left(\boldsymbol{r}_i \times m_i\frac{d\boldsymbol{r}_i}{dt}\right) = \sum_{i=1}^{N}\left(m_i\boldsymbol{r}_i \times \frac{d\boldsymbol{r}_i}{dt}\right) \\
\to \boldsymbol{L} &= \int\left\{\boldsymbol{r}(X,Y,Z,t)\times\rho(X,Y,Z)\frac{\partial \boldsymbol{r}(X,Y,Z,t)}{\partial t}\right\}dV \\
&= \int\left\{\rho(X,Y,Z)\boldsymbol{r}(X,Y,Z,t)\times\frac{\partial \boldsymbol{r}(X,Y,Z,t)}{\partial t}\right\}dV
\end{aligned} \tag{B.9}$$

で与えられる．

なお，第 9 章では表記を簡単にするために，領域 V の積分においては $\rho(X,Y,Z)$ や $\boldsymbol{r}(X,Y,Z,t)$ の独立変数を省略する．すなわち，$M=\int\rho\,dV$ や $M\boldsymbol{r}_{\mathrm{G}} = \int\rho\boldsymbol{r}\,dV$ のように略記する．

章末問題略解

第 1 章

1.1

$$\begin{aligned}
\frac{df(t)}{dt} &= \lim_{\Delta t \to 0} \frac{f(t+\Delta t) - f(t)}{\Delta t} = \lim_{\Delta t \to 0} \frac{\sin \omega(t+\Delta t) - \sin \omega t}{\Delta t} \\
&= \lim_{\Delta t \to 0} \frac{\sin \omega t \cos \omega \Delta t + \cos \omega t \sin \omega \Delta t - \sin \omega t}{\Delta t} && (\because (\mathrm{A.4})) \\
&= \lim_{\Delta t \to 0} \frac{\sin \omega t \, (\cos \omega \Delta t - 1) + \cos \omega t \sin \omega \Delta t}{\Delta t} \\
&= \lim_{\Delta t \to 0} \frac{\omega \Delta t \cos \omega t - (\omega \Delta t)^2 (\sin \omega t)/2}{\Delta t} && (\because (\mathrm{A.38}),\ (\mathrm{A.39})) \\
&= \omega \cos \omega t
\end{aligned}$$

$$\begin{aligned}
\frac{dg(t)}{dt} &= \lim_{\Delta t \to 0} \frac{g(t+\Delta t) - g(t)}{\Delta t} = \lim_{\Delta t \to 0} \frac{\cos \omega(t+\Delta t) - \cos \omega t}{\Delta t} \\
&= \lim_{\Delta t \to 0} \frac{\cos \omega t \cos \omega \Delta t - \sin \omega t \sin \omega \Delta t - \cos \omega t}{\Delta t} && (\because (\mathrm{A.5})) \\
&= \lim_{\Delta t \to 0} \frac{\cos \omega t \, (\cos \omega \Delta t - 1) - \sin \omega t \sin \omega \Delta t}{\Delta t} \\
&= \lim_{\Delta t \to 0} \frac{-\omega \Delta t \sin \omega t - (\omega \Delta t)^2 (\cos \omega t)/2}{\Delta t} && (\because (\mathrm{A.38}),\ (\mathrm{A.39})) \\
&= -\,\omega \sin \omega t
\end{aligned}$$

と導出される．

1.2

$$\begin{aligned}
v_x &= \frac{dx}{dt} = \frac{d}{dt}(v_0 t) = v_0 \\
v_y &= \frac{dy}{dt} = \frac{d}{dt}\left(-\frac{1}{2} g t^2 + h\right) = -gt
\end{aligned}$$

なので

$$\boldsymbol{v} = (v_x, v_y) = (v_0, -gt)$$

と求まる．

$$a_x = \frac{dv_x}{dt} = \frac{d}{dt}(v_0) = 0$$
$$a_y = \frac{dv_y}{dt} = \frac{d}{dt}(-gt) = -g$$

なので

$$\boldsymbol{a} = (a_x, a_y) = (0, -g)$$

と求まる．

1.3 楕円上を運動する質点の位置ベクトル $\boldsymbol{r} = (x, y)$ が，a, b, ω を定数として

$$x = a\cos\omega t, \quad y = b\sin\omega t$$

で与えられているので，質点の速度 $\boldsymbol{v} = (v_x, v_y)$ は

$$v_x = \frac{dx}{dt} = \frac{d}{dt}(a\cos\omega t) = -a\omega\sin\omega t$$
$$v_y = \frac{dy}{dt} = \frac{d}{dt}(b\sin\omega t) = b\omega\cos\omega t$$

である．したがって，加速度 $\boldsymbol{a} = (a_x, a_y)$ は

$$a_x = \frac{dv_x}{dt} = \frac{d}{dt}(-a\omega\sin\omega t) = -a\omega^2\cos\omega t = -\omega^2 x$$
$$a_y = \frac{dv_y}{dt} = \frac{d}{dt}(b\omega\cos\omega t) = -b\omega^2\sin\omega t = -\omega^2 y$$

と計算される．その結果，加速度 $\boldsymbol{a} = (a_x, a_y) = -\omega^2\boldsymbol{r}$ となるので，質点の加速度は位置ベクトルと逆向きになる．

第2章

2.1 成り立たない．例えば，電車に乗ってじっと立っていても，急に電車が動き出すと体が倒れそうになる．また，床に置かれたボールや電車のつり革が後ろの方に動き出す．つまり，力が加えられていないのに止まっていたものが動き出す．

2.2 投げ始めのボールの速さを V_0，水平からの投げ上げ角度を θ とすると，質点がもつ速度の水平方向成分は $V_0\cos\theta$ となる．これは時間変化せず一定なので，ボールが一定の水平距離隔てた鉛直面に最短時間で到達するのは，この値が最大の場合である．したがって，$\theta = 0$ のとき，すなわち水平にボールを投げるとき，ボールは最短時間で鉛

直面に到達する．

2.3　重力加速度の大きさを g とすると，もとの高さに戻るまでの時間は $2v\sin\theta/g$ なので，水平移動距離 x は $2v^2\sin\theta\cos\theta/g$ である．したがって，V_0 を定数として $v = V_0\cos\theta$ の場合，

$$x = \frac{2V_0^2}{g}\sin\theta\cos^3\theta$$

となる．

$$\frac{dx}{d\theta} = \frac{2V_0^2}{g}\cos^2\theta\,(\cos^2\theta - 3\sin^2\theta) = \frac{2V_0^2}{g}\cos^2\theta\,(4\cos^2\theta - 3)$$

なので，$\cos^2\theta = 3/4$，すなわち $\cos\theta = \sqrt{3}/2$ のとき x は最大となる．したがって，$\theta = 30^\circ$ のときボールの水平移動距離が最大となる．

第3章

3.1　大きさが mg の重力は鉛直下向きで，質点がその方向に h だけ移動するので，重力は mgh の仕事をする．

3.2　$\boldsymbol{F}(\boldsymbol{r})$ のなす仕事 W は，$\boldsymbol{r}$ 方向の単位ベクトルを $\boldsymbol{e}_r$ とすると，$(\boldsymbol{r}/r)\cdot d\boldsymbol{r} = \boldsymbol{e}_r\cdot d\boldsymbol{r} = dr$ なので，

$$W = \int_{\boldsymbol{r}_0}^{\boldsymbol{r}} \boldsymbol{F}(\boldsymbol{r})\cdot d\boldsymbol{r} = \int_{\boldsymbol{r}_0}^{\boldsymbol{r}} f(r)\frac{\boldsymbol{r}}{r}\cdot d\boldsymbol{r} = \int_{\boldsymbol{r}_0}^{\boldsymbol{r}} f(r)\boldsymbol{e}_r\cdot d\boldsymbol{r} = \int_{r_0}^{r} f(r)\,dr$$

となる．ただし，$r_0 \equiv |\boldsymbol{r}_0|$ とした．ここで，g を負でない定数 r_1 を用いて

$$g \equiv -\int_{r_1}^{r} f(r)\,dr$$

と定義すると，g は $r = |\boldsymbol{r}|$ の関数 $g = g(r)$ であり，

$$W = \int_{\boldsymbol{r}_0}^{\boldsymbol{r}} \boldsymbol{F}(\boldsymbol{r})\cdot d\boldsymbol{r} = -g(r) + g(r_0)$$

と書ける．したがって，$\boldsymbol{F}$ は保存力であり，そのポテンシャルエネルギーは，位置ベクトルの大きさを r_1 とする点を基準点とすると，$g(r)$ である．

3.3　地表付近の重力は保存力であり，地表を基準とするポテンシャルエネルギー ϕ は質点の質量を m，高さを h として $\phi = mgh$ と表すことができる．したがって，質点が地面に落下する直前の速さを v とすると，力学的エネルギー保存則

$$\frac{1}{2}mv^2 + mg \cdot 0 = \frac{1}{2}m \cdot 5^2 + mg \cdot 10$$

が成り立つ．その結果，

$$v = \sqrt{5^2 + 2g \cdot 10}\ \text{m/s} = \sqrt{221}\ \text{m/s} \fallingdotseq 15\ \text{m/s}$$

と求まる．

第4章

4.1　質点の自由落下運動は鉛直面内の平面運動なので，第2章と同様にその平面を x-y 平面 $(z=0)$ とすると，角運動量 $\boldsymbol{L}$ は x-y 平面に垂直で $\boldsymbol{L} = (0, 0, L_z)$ と表すことができる．

質点の質量を m，x, y 方向の速度成分をそれぞれ v_x, v_y とすると，角運動量の定義より

$$L_z = m(xv_y - yv_x)$$

なので，(2.10)-(2.13) を用いると

$$\begin{aligned} L_z &= m\left\{(v_{0x}t + x_0)(-gt + v_{0y}) - \left(-\frac{1}{2}gt^2 + v_{0y}t + y_0\right)v_{0x}\right\} \\ &= m\left(-\frac{1}{2}gv_{0x}t^2 - x_0gt + x_0v_{0y} - y_0v_{0x}\right) \end{aligned}$$

と計算される．したがって，

$$\frac{dL_z}{dt} = m(-gv_{0x}t - x_0g) = (v_{0x}t + x_0)(-mg) = x(-mg) = N_z$$

が成り立つ．ここで，N_z は力のモーメント $\boldsymbol{N}$ の z 成分である．また，角運動量 $\boldsymbol{L}$ の時間微分の x, y 成分は 0 なので，力のモーメント $\boldsymbol{N}$ の 0 である x, y 成分とそれぞれ一致する．以上より，軌跡が (2.15) で与えられる質点の自由落下運動は，角運動量が従う方程式 (4.25) を満たしていることが確認できる．

4.2　ε の定義式を時間 t で微分すると

$$\frac{d\boldsymbol{\varepsilon}}{dt} = \frac{1}{k}\frac{d}{dt}(\boldsymbol{v} \times \boldsymbol{L}) - \frac{d}{dt}\left(\frac{\boldsymbol{r}}{r}\right) = \frac{1}{k}\left(\frac{d\boldsymbol{v}}{dt} \times \boldsymbol{L} + \boldsymbol{v} \times \frac{d\boldsymbol{L}}{dt}\right) - \frac{1}{r}\frac{d\boldsymbol{r}}{dt} + \frac{\boldsymbol{r}}{r^2}\frac{dr}{dt}$$

となる．ここで，質点の質量を m とすると

$$\frac{d\boldsymbol{v}}{dt} = \frac{1}{m}\boldsymbol{f} = -\frac{k}{m}\frac{\boldsymbol{r}}{r^3}, \quad \boldsymbol{L} = m\boldsymbol{r} \times \boldsymbol{v}, \quad \frac{d\boldsymbol{L}}{dt} = \boldsymbol{r} \times \boldsymbol{f} = \boldsymbol{r} \times (-k\boldsymbol{r}/r^3) = 0$$

なので

$$\frac{d\boldsymbol{\varepsilon}}{dt} = -\frac{1}{r^3}\boldsymbol{r}\times(\boldsymbol{r}\times\boldsymbol{v}) - \frac{1}{r}\boldsymbol{v} + \frac{\boldsymbol{r}}{r^2}\frac{dr}{dt}$$

が成り立つ．この右辺第 1 項は，(A.44) を用いると

$$\begin{aligned}
-\frac{1}{r^3}\boldsymbol{r}\times(\boldsymbol{r}\times\boldsymbol{v}) &= -\frac{1}{r^3}\{(\boldsymbol{r}\cdot\boldsymbol{v})\boldsymbol{r} - (\boldsymbol{r}\cdot\boldsymbol{r})\boldsymbol{v}\} = -\frac{1}{r^3}\left\{\left(\boldsymbol{r}\cdot\frac{d\boldsymbol{r}}{dt}\right)\boldsymbol{r} - (\boldsymbol{r}\cdot\boldsymbol{r})\boldsymbol{v}\right\} \\
&= -\frac{1}{r^3}\left\{\left(\frac{1}{2}\cdot\frac{dr^2}{dt}\right)\boldsymbol{r} - (\boldsymbol{r}\cdot\boldsymbol{r})\boldsymbol{v}\right\} = -\frac{\boldsymbol{r}}{r^2}\frac{dr}{dt} + \frac{1}{r}\boldsymbol{v}
\end{aligned}$$

と計算されるので

$$\frac{d\boldsymbol{\varepsilon}}{dt} = 0$$

である．すなわち，$\boldsymbol{\varepsilon}$ は保存される．

4.3　円運動では半径 r が一定なので，(4.14) より

$$v = r\frac{d\varphi}{dt}$$

である．したがって，(4.17) より

$$\boldsymbol{a} = -r\left(\frac{d\varphi}{dt}\right)^2\boldsymbol{e}_r + \left(r\frac{d^2\varphi}{dt^2}\right)\boldsymbol{e}_\varphi = -\frac{v^2}{r}\boldsymbol{e}_r + \frac{dv}{dt}\boldsymbol{e}_\varphi$$

と表すことができる．

第 5 章

5.1　月と地球の質量および半径をそれぞれ $M_{\mathrm{m}}, M_{\mathrm{e}}$ および $R_{\mathrm{m}}, R_{\mathrm{e}}$，月面と地球面での重力加速度の大きさをそれぞれ $g_{\mathrm{m}}, g_{\mathrm{e}}$ とすると，(5.6) より

$$\frac{g_{\mathrm{m}}}{g_{\mathrm{e}}} = \frac{M_{\mathrm{m}}}{M_{\mathrm{e}}}\frac{R_{\mathrm{e}}^2}{R_{\mathrm{m}}^2} = \frac{M_{\mathrm{m}}}{M_{\mathrm{e}}}\left(\frac{R_{\mathrm{e}}}{R_{\mathrm{m}}}\right)^2 = \frac{1}{81}4^2 = \frac{16}{81} = 0.20$$

と計算される．

微小振動する単振り子の，月面で周期を T_{m}，地球面での周期を T_{e} とすると，その比は (5.59) と上記より

$$\frac{T_{\mathrm{m}}}{T_{\mathrm{e}}} = \sqrt{\frac{g_{\mathrm{e}}}{g_{\mathrm{m}}}} = \sqrt{\frac{81}{16}} = \frac{9}{4} = 2.3$$

となる．すなわち，振動周期は月面では地球面での値の 2.3 倍である．

5.2　物体がはじめて瞬間的に静止するまでは動摩擦力が x の正方向にはたらくので，物体の運動方程式は

$$m\frac{d^2x}{dt^2} = -kx + \mu mg = -k\left(x - \frac{\mu mg}{k}\right) \qquad (*)$$

となる．ここで $y = x - \mu mg/k$ とすると

$$m\frac{d^2y}{dt^2} = -ky$$

が成り立つので (5.32) と同じ形である．したがって，その解は単振動を表し，$\omega = \sqrt{k/m}$ として

$$y = A\cos(\omega t + B)$$

と書ける．ここで，A, B は定数である．$x, dx/dt$ の初期値はそれぞれ $a, 0$ なので，$y, dy/dt$ の初期値はそれぞれ $a - \mu mg/k, 0$ である．よって，$A = a - \mu mg/k, B = 0$ となり，

$$y = (a - \mu mg/k)\cos\omega t$$

が解である．その結果，

$$x = y + \frac{\mu mg}{k} = \left(a - \frac{\mu mg}{k}\right)\cos\omega t + \frac{\mu mg}{k}$$

を得る．これを時間微分すると

$$\frac{dx}{dt} = -\left(a - \frac{\mu mg}{k}\right)\omega\sin\omega t$$

となる．したがって，物体が動き出した後にはじめて静止する $(dx/dt = 0)$ のは，$t = \pi/\omega$ のときである．このとき，$\cos\omega t = -1$ なので，$x_0 = -(a - \mu mg/k) + \mu mg/k = -a + 2\mu mg/k$ となる．

本問題の物体の運動方程式 $(*)$ は，μmg を $-mg$ と置き換えれば，本文で説明された鉛直方向のバネにつけた質点の運動方程式 (5.43) と同じ形になる．したがって，物体は，動き出した後にはじめて静止するまで，バネにつけた質点と本質的に同じ運動をする．しかしながら，その後の運動は異なる．なぜなら，バネにつけた質点には常に同じ方向の重力がはたらくが，本問題では物体が静止した瞬間に静止摩擦力がはたらき，物体が正の方向に動くときに動摩擦力が x の負の方向にはたらくからである．本問題の物体は，最終的には静止したまま動かなくなる．

5.3　5.2.3 項の記号を用いて力学的エネルギーが保存することを示す．

単振り子の運動エネルギー K は，(5.62) と (5.55) より

$$K = \frac{1}{2}mv^2 = \frac{1}{2}m\left\{-A\omega l\sin(\omega t + \alpha)\right\}^2 = \frac{1}{2}mA^2gl\sin^2(\omega t + \alpha)$$

となる．一方，重力のポテンシャルエネルギー ϕ は，単振り子が最も低い位置を基準とすると，(3.32) より

$$\phi = mgl(1 - \cos\theta)$$

であるが，微小振動の場合は (A.39) より $\cos\theta \fallingdotseq 1 - \theta^2/2$ が成り立つので，

$$\phi = \frac{1}{2}mgl\theta^2$$

と近似できる．この式に (5.58) を代入すると

$$\phi = \frac{1}{2}mA^2 gl\cos^2(\omega t + \alpha)$$

となる．したがって，

$$\begin{aligned} K + \phi &= \frac{1}{2}mA^2 gl\sin^2(\omega t + \alpha) + \frac{1}{2}mA^2 gl\cos^2(\omega t + \alpha) \\ &= \frac{1}{2}mA^2 gl = \frac{1}{2}m(Al)^2\omega^2 \end{aligned}$$

と一定になる．すなわち，力学的エネルギーは保存する．

第6章

6.1　原点Oを通る鉛直軸のまわりに角速度 $\omega = v/r$ で回転する座標系では小物体が静止している．したがって，(6.26) において $\boldsymbol{v}^* = 0$ なのでコリオリ力は存在しない．この結果，糸の張力の大きさは遠心力の大きさ $|m\boldsymbol{\omega} \times (\boldsymbol{r} \times \boldsymbol{\omega})|$ に等しい．この回転座標系の原点をOと一致させれば，角速度ベクトル $\boldsymbol{\omega}$ は小物体の位置ベクトル $\boldsymbol{r}$ に垂直なので，遠心力の大きさは $mr\omega^2 = mv^2/r$ であり，これが糸の張力の大きさに等しい．

6.2　地球の半径を R，地球の自転角速度を ω とすると，地球の中心を原点とする回転座標系において，赤道上の地表付近に位置する質量 m の小物体にはたらく遠心力の大きさは $mR\omega^2$ である．したがって，重力の大きさとの比は，重力加速度の大きさを g として，

$$\begin{aligned} \frac{mR\omega^2}{mg} &= \frac{R\omega^2}{g} = \frac{6.4 \times 10^6 \times (7.3 \times 10^{-5})^2}{9.8} = \frac{3.4 \times 10^{-2}}{9.8} \\ &= 3.5 \times 10^{-3} = 0.35\,\% \end{aligned}$$

と求まる．

6.3　地球の中心を原点とする，地軸のまわりに地球の自転角速度で回転している座標系で考えると，赤道上で鉛直方向に落下する小物体は東向きのコリオリ力を受ける．そのため，物体の速度は徐々に東向きの成分を増やし，物体の落下位置は真下から東の方向にずれる．（東向きの速度成分によって生じるコリオリ力は鉛直方向なので落下位置のずれに寄与しない．）なお，地球の中心を原点とする（近似）慣性系で考えても，やはり同じ結論を得る．高い塔の上は地球表面より原点からの距離が長いので，物体がもつ東向きの初速度の大きさはその真下の速さより大きいからである．

第7章

7.1　2 質点の質量を m_1, m_2 とすると 2 質点の換算質量 μ は

$$\mu = \frac{m_1 m_2}{m_1 + m_2}$$

である．また，2 質点がもつ質量の相加平均の半分 M は

$$M = \frac{m_1 + m_2}{4}$$

である．

$$M - \mu = \frac{m_1 + m_2}{4} - \frac{m_1 m_2}{m_1 + m_2} = \frac{(m_1 + m_2)^2 - 4m_1 m_2}{4(m_1 + m_2)} = \frac{(m_1 - m_2)^2}{4(m_1 + m_2)} \geq 0$$

なので，

$$\mu \leq M$$

が成り立つ．

7.2　粒子 A が粒子 B を追い越すことはないので $v_1 < v_2$ である．そのため，e の定義式 (7.19) は $e = (v_2 - v_1)/v$ となり，$v_2 = v_1 + ev$ と書ける．これを (7.17) に相当する式に代入すると，

$$v_1 = \frac{(m_1 - em_2)}{m_1 + m_2} v, \quad v_2 = \frac{(1 + e)m_1}{m_1 + m_2} v$$

と計算できる．したがって，衝突後の全運動エネルギーは

$$\begin{aligned}
\frac{1}{2} m_1 v_1^2 + \frac{1}{2} m_2 v_2^2 &= \frac{1}{2} \frac{m_1}{(m_1 + m_2)^2} v^2 \left\{ (m_1 - em_2)^2 + m_1 m_2 (1 + e)^2 \right\} \\
&= \frac{1}{2} \frac{m_1}{(m_1 + m_2)^2} v^2 \left\{ m_1^2 + m_1 m_2 + e^2 m_2 (m_1 + m_2) \right\} \\
&= \frac{1}{2} m_1 v^2 \frac{m_1^2 + m_1 m_2 + e^2 m_2 (m_1 + m_2)}{(m_1 + m_2)^2} \qquad (*)
\end{aligned}$$

と表すことができる．弾性衝突では運動エネルギー (7.18) が保存し，

$$\frac{1}{2} m_1 v_1^2 + \frac{1}{2} m_2 v_2^2 = \frac{1}{2} m_1 v^2 \qquad (**)$$

が成り立つので，$(*)$ と $(**)$ の両右辺は等しく，

$$m_1^2 + m_1 m_2 + e^2 m_2 (m_1 + m_2) = (m_1 + m_2)^2$$

である．これは，

$$(e^2 - 1) m_2 (m_1 + m_2) = 0$$

と変形でき，e は負ではないので，弾性衝突では

$$e = 1$$

となる．また，$(*)$ において e^2 の係数は正なので，$e = 0$ のときに衝突後の運動エネルギーが最小となる．すなわち，完全非弾性衝突は $e = 0$ に対応することがわかる．

7.3　円軌道は楕円軌道の特殊な場合で，二つの焦点が一致して円の中心になっており，長半径と短半径がともに円の半径に等しい．太陽からの引力の大きさは一定なので，惑星は中心のまわりを等速円運動する．したがって，第 1 法則は成り立っている．

さらに，7.2 節の記号を用いると，惑星の公転運動の速さ

$$v = r\frac{d\varphi}{dt}$$

が一定であるから $r^2 d\varphi/dt$ も一定で，第 2 法則 (7.26) も成り立っている．

公転周期 T は

$$T = \frac{2\pi r}{v} = 2\pi \left(\frac{d\varphi}{dt}\right)^{-1}$$

であるが，(7.24) において $d^2r/dt^2 = 0$ より

$$\left(\frac{d\varphi}{dt}\right)^2 = \frac{k}{r^3}$$

なので，

$$T^2 = 4\pi^2 \left(\frac{d\varphi}{dt}\right)^{-2} = \frac{4\pi^2}{k} r^3$$

が結論される．すなわち，公転周期の 2 乗は軌道半径（長半径の特別な場合）の 3 乗に比例し，第 3 法則も成り立っている．

第 8 章

8.1　時刻 t における 3 質点の x 座標は，それぞれ v_1t, v_2t, v_3t なので，3 質点系の重心の x 座標は (8.3) より

$$\frac{1 \cdot v_1 t + 2 \cdot v_2 t + 3 \cdot v_3 t}{1 + 2 + 3} = \frac{v_1 + 2v_2 + 3v_3}{6} t$$

である．

8.2　二つの質点の質量を m_1，m_2 とする．2 質点には水平に同じ向きの動摩擦力のみがはたらくので，2 質点系の重心の加速度の大きさは，(8.13) より

$$\frac{\mu m_1 g + \mu m_2 g}{m_1 + m_2} = \mu g$$

である．

8.3　まず，第 2 章の (2.24) と同様に，(8.13) に従う重心の運動量変化は力積に等しいので

$$3mv_{\mathrm{G}} - 0 = P$$

が成り立つ．したがって，

$$v_{\mathrm{G}} = \frac{P}{3m}$$

である．

次に，重心は質点 A から距離 $4l/9$ にある棒上の点なので，重心のまわりの 3 質点系の全角運動量の大きさ L' は

$$L' = m\omega_{\mathrm{G}}\left\{\left(\frac{4l}{9} - 0\right)^2 + \left(\frac{4l}{9} - \frac{l}{3}\right)^2 + \left(l - \frac{4l}{9}\right)^2\right\} = \frac{14}{27}ml^2\omega_{\mathrm{G}}$$

である．一方，第 5 章の (5.66) と同様に，撃力による重心のまわりの全角運動量変化は，(8.42) に従うので，重心のまわりの力積のモーメントに等しい．すなわち，

$$L' - 0 = \left(l - \frac{4l}{9}\right)P = \frac{5}{9}lP$$

が成り立つ．したがって，棒の重心のまわりの角速度 ω_{G} は

$$\omega_{\mathrm{G}} = \frac{(5/9)lP}{(14/27)ml^2} = \frac{15}{14}\frac{P}{ml}$$

と求まる．

第 9 章

9.1　棒の中心が 2 点の間にあるときである．なぜなら，2 点が棒に及ぼす垂直抗力はどちらも鉛直上向きなので，棒の中心が 2 点の間にないときは，棒の中心を原点とする二つの垂直抗力のモーメントは同じ向きとなり，それらの和が 0 になりえないからである．

9.2　半径 a の薄い球殻は，軸上に中心をもつ半径 r の細い輪に分解できる．ただし，$0 \leq r \leq a$ とする．図 P.1 の記号を用いると，$r = a\cos\theta$ である．また，$\theta \sim \theta + d\theta$ の間の輪の質量 m は，球殻の面密度 $\sigma = M/(4\pi a^2)$ を用いて

$$m = \sigma(2\pi r \cdot a\,d\theta) = 2\pi\sigma a^2 \cos\theta\,d\theta$$

である．ここで，半径 r の細い輪の重心を通る，輪の面に垂直な軸のまわりの慣性モーメントは (9.55) より mr^2 なので，半径 a の球殻の中心を通る軸のまわりの慣性モーメント I_1 は

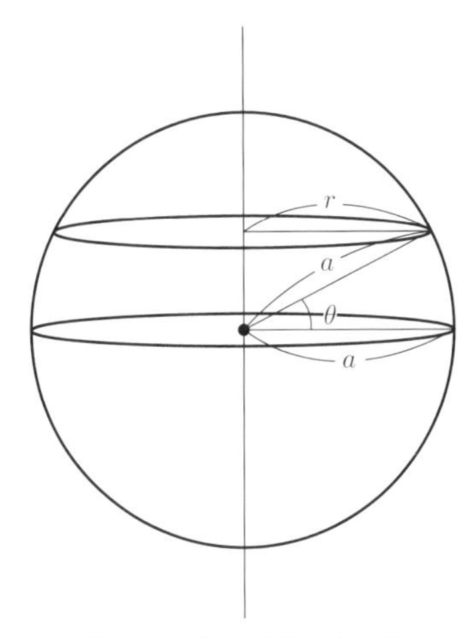

図 P.1　薄い球殻と細い輪

$$
\begin{aligned}
I_1 &= \int_{-\pi/2}^{\pi/2} (2\pi\sigma a^2 \cos\theta)\, r^2\, d\theta = 2\pi\sigma a^4 \int_{-\pi/2}^{\pi/2} \cos^3\theta\, d\theta \\
&= 2\pi\sigma a^4 \int_{-\pi/2}^{\pi/2} \cos\theta\,(1-\sin^2\theta)\, d\theta \\
&= 2\pi\sigma a^4 \left[\sin\theta - \frac{\sin^3\theta}{3}\right]_{-\pi/2}^{\pi/2} = 2\pi\sigma a^4 \frac{4}{3} = \frac{2}{3}Ma^2
\end{aligned}
$$

と計算できる．

半径 a の球はその原点を中心とする半径 x の薄い球殻に分解できる．ただし，$0 \leq x \leq a$ とする．球殻の質量は，球の密度 $\rho = 3M/(4\pi a^3)$ を用いて $\rho(4\pi x^2 \cdot dx) = 4\pi\rho x^2\, dx$ と表すことができる．ここで，球殻の中心を通る軸のまわりの慣性モーメントは上記のように与えられるので，半径 a の球の中心を通る軸のまわりの慣性モーメント I_2 は

$$
I_2 = \int_0^a \left(\frac{2}{3}\cdot 4\pi\rho x^2\right) x^2\, dx = \frac{8\pi}{3}\rho \int_0^a x^4\, dx = \frac{8\pi}{3}\rho\frac{a^5}{5} = \frac{2}{5}Ma^2
$$

と計算できる．

9.3　(1) I_1 は，(9.52) によって与えられる棒の上端を通る水平軸のまわりの慣性モーメント I' と弾丸の慣性モーメントの和なので

$$
I_1 = I' + ml^2 = \frac{1}{3}Ml^2 + ml^2
$$

である．

(2) 弾丸が棒に衝突する直前と直後で，弾丸と棒の重心の運動量の和が保存するので，

$$mv_0 = M\frac{l}{2}\omega + ml\omega$$

が成り立つ．したがって，

$$\omega = \frac{2m}{M+2m}\frac{v_0}{l}$$

である．

(3) 衝突直後の弾丸と棒の運動エネルギー K は

$$\begin{aligned} K &= \frac{1}{2}I_1\omega^2 = \frac{1}{2}\left(\frac{1}{3}Ml^2 + ml^2\right)\omega^2 \\ &= \frac{1}{6}(M+3m)l^2\omega^2 = \frac{2}{3}m^2\frac{M+3m}{(M+2m)^2}v_0^2 \end{aligned}$$

である．(9.71) より，棒の重心を通る水平軸のまわりの慣性モーメントを I とすると

$$K = \frac{1}{2}M\left(\frac{l}{2}\omega\right)^2 + \frac{1}{2}I\omega^2 + \frac{1}{2}m(l\omega)^2$$

となるが，(9.51) より $I = Ml^2/12$ なので同じ結果を得る．

棒が真上まで回転する条件は，系の運動エネルギーが真下と真上にある系のポテンシャルエネルギー差以上であること，すなわち

$$K \geq Mgl + mg(2l) = (M+2m)gl$$

なので，

$$\frac{2}{3}m^2\frac{M+3m}{(M+2m)^2}v_0^2 \geq (M+2m)gl$$

となる．したがって，棒が真上まで回転するための v_0 の条件は

$$v_0 \geq \frac{(M+2m)^{3/2}}{m}\sqrt{\frac{3gl}{2(M+3m)}}$$

である．

索　引

■ さ行

■ た行

■ な行

■ は行

■ ま行

■ や行

■ ら行

著者紹介

下村　裕（しもむら　ゆたか）

1989年　東京大学大学院理学系研究科博士課程修了．理学博士．
東京大学理学部助手，慶應義塾大学法学部助教授などを経て，2000年より慶應義塾大学法学部教授．現在に至る．
2006~2012年まで慶應義塾志木高等学校校長を兼務．

専門は力学である．ケンブリッジ大学に研究留学中の 2002年，「回転ゆで卵が立ち上がる」物理を解明した共同研究成果を科学誌『ネイチャー』に発表した．さらに「高速で回転する卵は立ち上がる途中でひとりでにジャンプする」ことを予測し，実証することにも成功した．現在は研究とともに，主に文系の大学生に物理学の授業を行っている．

著書に，『演習力学［新訂版］』（共著，サイエンス社，2006），『ケンブリッジの卵』（慶應義塾大学出版会，2007），『卵が飛ぶまで考える』（日本経済新聞出版社，2013），『犬も歩けば物理にあたる』（翻訳，慶應義塾大学出版会，2014）などがある．

物理の第一歩
— 自然のしくみを楽しむために —
力　学

First steps in physics for enjoying how nature works
Mechanics

2021 年 12 月 25 日　初版 1 刷発行

監　修　兵頭俊夫
著　者　下村　裕　© 2021

発行者　南條光章
発行所　**共立出版株式会社**
東京都文京区小日向 4-6-19
電話　03-3947-2511（代表）
郵便番号　112-0006
振替口座　00110-2-57035
www.kyoritsu-pub.co.jp

印　刷　藤原印刷
製　本　加藤製本

検印廃止
NDC 423

ISBN 978-4-320-03641-3

一般社団法人
自然科学書協会
会員

Printed in Japan